「**面積**」とは何か

幾何・代数・解析の
捉え方

小山拓輝＝著

JN202517

技術評論社

まえがき

　平面図形の中で基本的なものには，三角形，円などがあります。空間図形の中で基本的なものには，四面体，球などがあります。それらの面積，体積には公式があり，図形のある部分の長さを掛け算したりすることで求められます。それらの求め方は，図形の計量をもとにしているといえます。小学校，中学校で習います。

　では，平面図形として多角形（いくつかの線分で囲まれる図形）の各頂点の座標が与えられたときの面積や，領域（曲線で囲まれる図形）の境界の曲線が $y = f(x)$ といった関数で与えられたときの面積はどのようにして求められるでしょうか？　答えをいってしまうと，それぞれ行列式，積分という計算を使って求められます。それらの求め方は，図形の位置をもとにしているといえます。積分は高校で習います。行列は高校の旧課程では習いましたが，現課程では習いません。主に理工系の大学では，多変数の積分，一般次元の行列を習います。

　このように面積，体積の求め方は，小学校から大学の数学にまで現れます。本書は，面積，体積のいろいろな求め方を目的とし，そのために必要な数学の基礎知識を手段として書きました。本書の特徴としては次のようになります。

（ i ）　三角形や円，四面体や球といった基本的な図形について，面積，体積のいろいろな求め方を紹介しています。

（ ii ）　まるで縦糸と横糸で織物を織るように，1 章から 6 章で面積，体積の求め方の各方法を分け，各章の中の節で具体的な図形と具体的な面積，体積の公式を次の表のように配置しました。

（iii）　同じ図形に対し，面積の求め方が複数あることを興味深く知ることができます。

（iv）　主に図を用いて，視覚的に説明をしています。厳密さより直感を優先しています。説明文に対する図が，ページの先にあることもあるので注意してください。

（ v ）　面積の求め方の物理学的方法などは他書にはあまり書かれていない内容です。

（vi）　数学者の名前がたくさん出てきて，そのすばらしいアイデアを味わうことができます。

（vii）　面積，体積と関係する話題も豊富に紹介しています。通常は無関係と思われているものに関係があることを知ることができ，驚きがあります。

（viii）　各章において準備の節を設けて，基礎から説明していますが，高校数学の知識をある程度前提としています。

求め方／図形	幾何学的方法 **第1章 移動で面積を求める**	物理学的方法 **第2章 運動で面積を求める**	物理学的方法 **第3章 静力学で最大面積を求める**	代数学的方法 **第4章 ベクトルで面積・体積を求める**	代数学的方法 **第5章 行列式で面積・体積を求める**	解析学的方法 **第6章 積分で面積・体積を求める**
準備	1.1節 図形の分割・移動	2.1節 線分の運動	3.1節 位置平均 3.2節 静力学	4.1節 面積の概念 4.2節 ベクトル	5.1節 行列式	6.1節 微分
一般の図形	1.2節 方眼紙で面積を求める	2.3節 プラニメーター（面積計）で面積を求める				6.2節 定積分で面積を求める 6.4節 重積分で体積を求める
長方形	1.3節 単位正方形で面積を求める	2.2節 速度で面積を求める				
平行四辺形	1.4節 同じ形を用いて面積を求める	2.2節 速度で面積を求める		4.3節 ベクトルの内積で平行四辺形の面積を求める 4.4節 ベクトルの外積で空間平行四辺形の面積を求める	5.2節 行列式の変形で面積を求める 5.4節 グラム行列（グラミアン）で面積・体積を求める	
三角形	1.4節 同じ形を用いて面積を求める			4.6節 四平方の定理で空間三角形の面積を求める	5.6節 ケーリー・メンガーの行列式で面積・体積を求める	
多角形	1.5節 分割し，並べ替えることで面積を求める		3.3節 静力学で最大面積を求める		5.5節 くつひも公式で多角形の面積を求める	
線分がはいた跡	1.7節 ずらし変形で面積を求める	2.2節 速度で面積を求める				

求め方／図形	幾何学的方法 第1章 移動で面積を求める	物理学的方法 第2章 運動で面積を求める	物理学的方法 第3章 静力学で最大面積を求める	代数学的方法 第4章 ベクトルで面積・体積を求める	代数学的方法 第5章 行列式で面積・体積を求める	解析学的方法 第6章 積分で面積・体積を求める
円	1.7節 ずらし変形で面積を求める	2.2節 速度で面積を求める				6.3節 定積分で円の面積を求める 6.5節 不定積分で円の面積を求める 6.7節 シンプソンの公式で円の面積を求める
球面				.		6.6節 微分で球の表面積を求める
球面三角形	1.8節 他の形と組み合わせて面積を求める					
平行六面体				4.5節 ベクトルの内積・外積で平行六面体の体積を求める	5.3節 行列式の性質で体積を求める 5.4節 グラム行列（グラミアン）で面積・体積を求める	
四面体	1.6節 カバリエリの原理で体積を求める				5.6節 ケーリー・メンガーの行列式で面積・体積を求める	6.4節 重積分で体積を求める
正多面体					5.7節 行列式とベクトルの公式で正多面体の体積を求める	6.6節 微分で球の表面積を求める
球体						6.4節 重積分で体積を求める

目次

第6章　積分で面積・体積を求める　215

第 **1** 章

移動で面積を求める

1.1 図形の分割・移動

　本書では，面積・体積の求め方のさまざまなアイデアや，関連する数学的話題を紹介していきます。小学校で習う足し算・掛け算，高校で習う微分・積分，理工系の大学で習う行列・行列式は，すべて面積・体積が背景にあります。面積・体積の求め方を知ることで，数学の外観を眺めることができるようになります。第1章では図形の分割・移動といった幾何学的なことから面積を求めていきます。

　まずは，ある日常の話からはじめます。休日，クッキーを焼いてみると，いろいろな形のものができあがりました。そして，下左図のような形の平らなクッキー A と B があったので，どちらが大きいか調べてみることにしました。下右図のように，お互いを動かしてみたところ，A の形は B の形に含まれていることがわかりました。これで，B は A より大きいことがわかります。

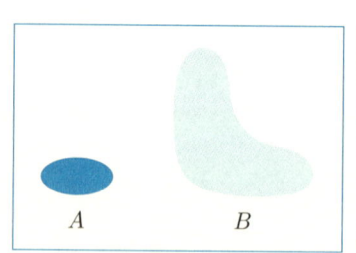

A 　　　　B

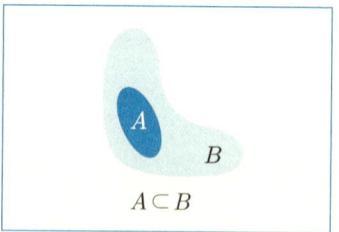

$A \subset B$

　では次に，下左図のような形の平らなクッキー A と B があったとき，どちらが大きいでしょうか？　今度はお互いを動かしてみても比べられません。そこで下右図のように，A を分割し，お互いを動かしてみると，A の形は B の形に含まれていることがわかりました。これで，B は A より大きいことがわかります。

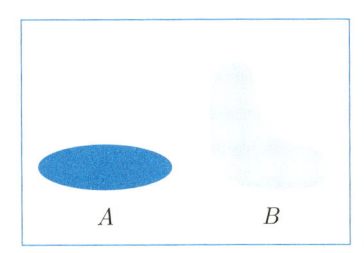

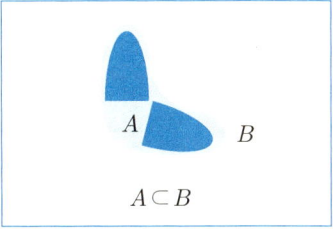

　このように図形を**分割・移動**することで大きさを比べられるということは，直感的に納得できます。

1.2 方眼紙で面積を求める

　前節からの続きです。今度は，図のような形の平らなクッキー A と B があったとき，どちらが大きいでしょうか？

A　　　　　　　　　　B

　A や B を分割してもよいのですが，別の方法があります。A と B を直接比べるのではなく，他のわかりやすい形を仲介して比べるのです。具体的には，正方形がたくさん描かれた**方眼紙**を用意し，その上にクッキー A を置いてみます。すると，A の形は，次の左図の青線で囲まれた 2 つの図形の大きさの間にあることがわかります。つまり，方眼紙の正方形 1 つ分の大きさを仮に 1 とすると，$1 < (A\text{ の大きさ}) < 9$ とわかります。

　しかし，まだまだです。方眼紙の正方形をそれぞれ 4 等分して細かくしてみます。その方眼紙の正方形 1 つ分の大きさは $\frac{1}{4}$ です。A の形は，次の右図の青線で囲まれた 2 つの図形の大きさの間にあることから，$\frac{5}{4} < (A\text{ の大きさ}) < \frac{18}{4}$ とわかります。こ

のような作業を続けていくと，例えば $(A \text{ の大きさ}) = 2.68\cdots$ といったことがわかります。B の形についても同様に調べると，例えば $(B \text{ の大きさ}) = 2.65\cdots$ といったことがわかります。これで，A は B より大きいことがわかります。

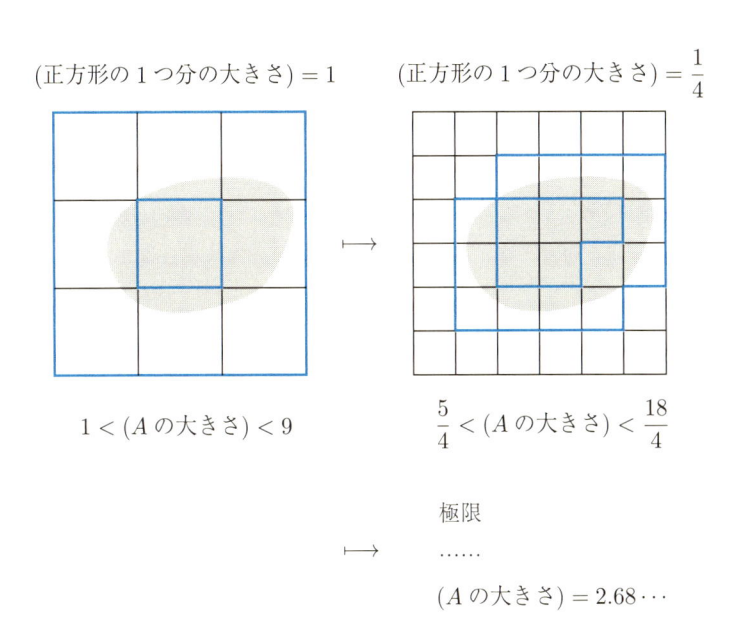

$(正方形の 1 つ分の大きさ) = 1$

$1 < (A \text{ の大きさ}) < 9$

$(正方形の 1 つ分の大きさ) = \dfrac{1}{4}$

$\dfrac{5}{4} < (A \text{ の大きさ}) < \dfrac{18}{4}$

極限

$\longmapsto$ ......

$(A \text{ の大きさ}) = 2.68\cdots$

　以上のように，平面図形の大きさを比較する際は，平面図形の大きさを数値化することが役立ちます。この数値化された値のことを面積といいます。面積を調べるには，**方眼紙の上に図形を置いて，方眼紙を細かく分割していくという作業を行えばよいの**ですが，実際にはこの分割作業は有限回しかできません。ですから，面積を調べるのに，別の方法のほうがよいことがあります。

平行四辺形や円など基本的な形には，それぞれ，面積の求め方，
面積の公式があります。それらを本書で紹介していきます。

1.3　単位正方形で面積を求める

　線分が与えられたとき，長さを測ろうと思えば定規を使います。これは基本となる長さ 1（1cm や 1m など）の何個分であるかを調べていることになります。

　同様に，長方形が与えられたとき，面積を測ろうと思えば，縦 1，横 1 のタイル（単位正方形という）をもってきます。**単位正方形の面積を 1 として，それが何個分あるかを調べればよい**ことになります。

（ⅰ）　縦 2，横 3 の長方形であれば，図のように単位正方形の個数を調べて，面積は $2 \times 3 = 6$ になります。

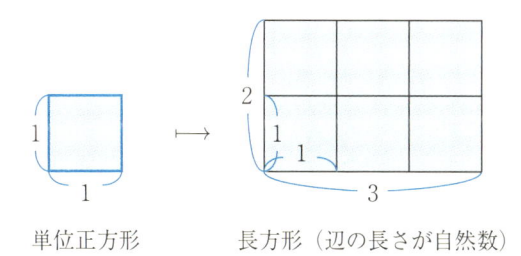

単位正方形　　　　　　　長方形（辺の長さが自然数）

（ⅱ）　縦 $\dfrac{1}{2}$，横 $\dfrac{2}{3}$ の長方形であれば，単位正方形では測りきれないので，単位正方形の縦を 2 分割，横を 3 分割して，面積が $\dfrac{1}{2 \times 3}$

17

の長方形のタイルを作ります。すると，それが 1×2 個分あることがわかるので，求める面積は $\dfrac{1}{2 \times 3} \times (1 \times 2) = \dfrac{1}{2} \times \dfrac{2}{3} = \dfrac{1}{3}$ になります。

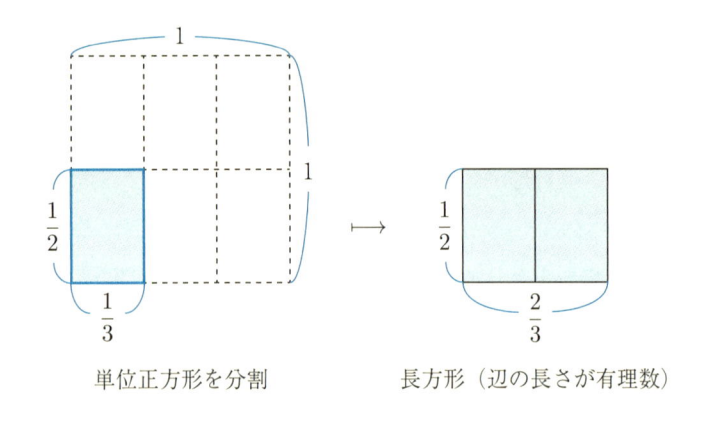

単位正方形を分割　　　　　　　長方形（辺の長さが有理数）

(iii)　単位正方形を並べたり分割したりすることで，有理数（分数の形で表される実数）の長さをもつ長方形の面積は測れますが，縦 $\sqrt{2}$，横 $\sqrt{3}$ といった無理数（分数の形で表されない実数）の長さをもつ長方形については，同様の考え方では測れません。その場合は極限の考えを使うことになります。まず，縦 1，横 1 の正方形が何個分あるかを測ると図のように 1 個分あることがわかるので，近似した面積は 1 です。

次に，測りきれなかった残りの箇所を，単位正方形を縦に 10 等分，横に 10 等分した面積が $\dfrac{1}{10 \times 10}$ の小正方形のタイルが何個分あるかで測ります。先ほど測った面積とあわせると，縦 $\dfrac{1}{10}$，

横 $\dfrac{1}{10}$ の小正方形は 14×17 個分あることがわかるので，近似した面積は，$\dfrac{1}{10 \times 10} \times (14 \times 17) = \dfrac{14}{10} \times \dfrac{17}{10}$ となります。この式の $\dfrac{14}{10}$，$\dfrac{17}{10}$ はそれぞれ，長方形の縦，横の長さの近似とみなせます。さらに同じことを繰り返すと，次の近似した面積は，$\dfrac{1}{100 \times 100} \times (141 \times 173) = \dfrac{141}{100} \times \dfrac{173}{100}$ となります。これをどんどん繰りしていくと，近似した面積の式 $\bigcirc \times \square$ において，$\bigcirc$ は縦の長さ $\sqrt{2}$ に近づき，$\square$ は横の長さ $\sqrt{3}$ に近づきます。このとき，$\bigcirc \times \square$ は長方形の面積 $\sqrt{2} \times \sqrt{3}$ に近づきます。

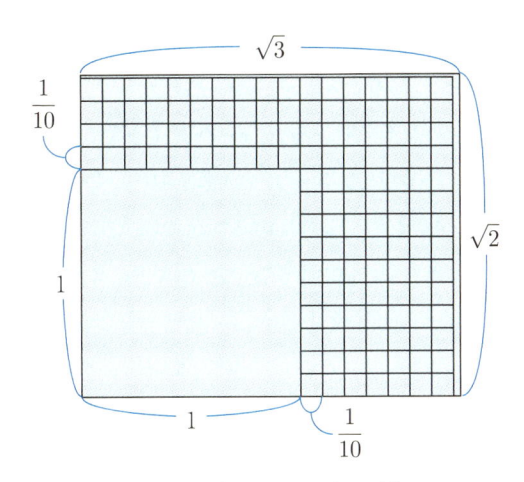

長方形（辺の長さが無理数）

いずれも，「**長方形の面積＝縦 × 横**」になります。結局，長方形の縦・横の長さを測ることで，面積が求められます。長さを測るというのは面積を測るよりも簡単な行為で，掛け算などの演算

も容易です。面積の公式とは，面積の測り方を簡易化することだとみなせます。

　いま，長さを測るとさらっと書きましたが，現実的には近似でしか測れません。例えば，ある長さを 1 として，$\sqrt{2}$，$\sqrt{3}$ という長さを描き表すことはできます（もし原子レベルまで考えれば $\sqrt{2}$，$\sqrt{3}$ を描いた線の長さでさえ近似になります）。次の図のように，三平方の定理（ピタゴラスの定理）（1.5 節参照）より，

$$x^2 = 1^2 + 1^2 = 2 \quad より \quad x = \sqrt{2}$$

$$y^2 = 1^2 + \left(\sqrt{2}\right)^2 = 3 \quad より \quad y = \sqrt{3}$$

となっています。しかし，1 という長さと x という長さだけを見て，定規だけで $x = \sqrt{2}$ と測ることはできません。例えば x の小数第 1 位はわかったとしても，小数第 10^{10} 位は現実的にはわかりません。あくまで近似でしか測れないのです。どれだけ精密に測るかを追及するのは物理学の分野なので，本書では今後，数学的に理想化された状況で考えていきます。

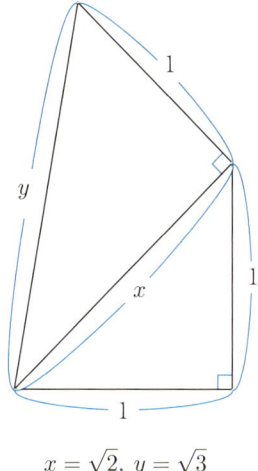

$$x = \sqrt{2},\, y = \sqrt{3}$$

　また，掛け算とさらっと書きましたが，実数の掛け算も近似になります。

　実数の長さが測れる，実数の掛け算ができるという理想化された状況では，縦の長さ a，横の長さ b の長方形の面積を次のように考えることもできます。単位正方形（面積を 1 とする）を縦に a 倍，横に b 倍すると，縦の長さ a，横の長さ b の長方形になるので，面積は，$1 \times a \times b = ab$ となります。

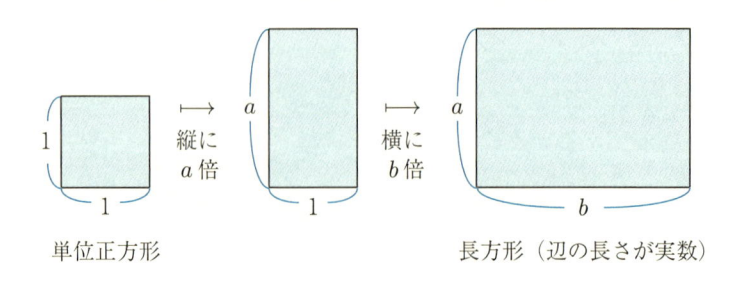

単位正方形　　　　　　　　　　長方形（辺の長さが実数）

　この「長方形の面積」という図的な概念と「2 つの実数の積」という式的な概念は，「直線」という概念と「実数」という概念とともに，数学の「直感」と「論理」という二面性を象徴しています。例えば，次ページの図のような「長さや面積・体積の図」は，「和や積の演算法則」と対応しています。ただし，図の中の直方体の体積を $(ab)c$ などと表しています。このような対応があるのは興味深いことですね。

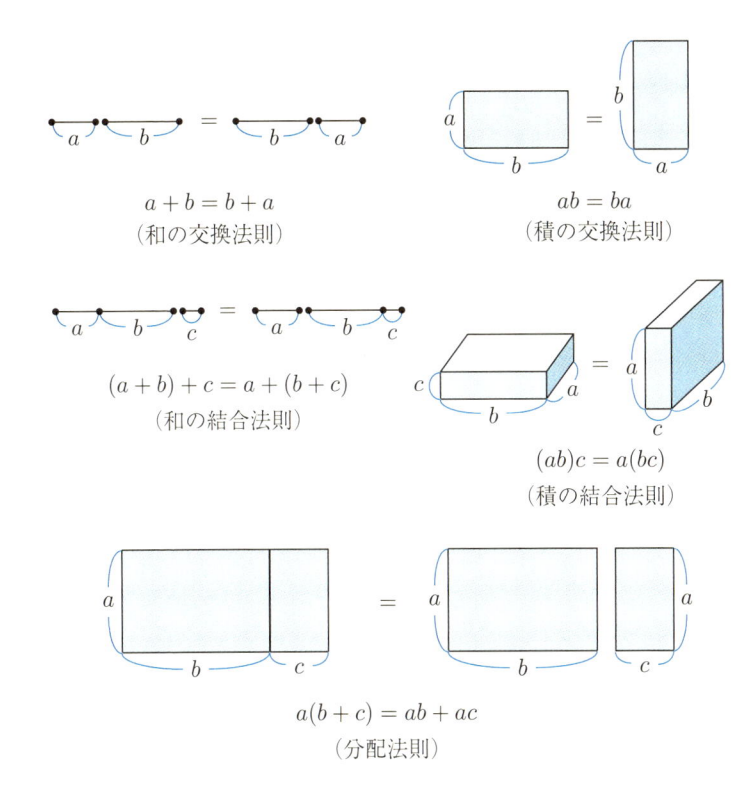

$$a + b = b + a$$
（和の交換法則）

$$ab = ba$$
（積の交換法則）

$$(a + b) + c = a + (b + c)$$
（和の結合法則）

$$(ab)c = a(bc)$$
（積の結合法則）

$$a(b + c) = ab + ac$$
（分配法則）

1.4 同じ形を用いて面積を求める

　下左図のように，封筒の口が斜めになっている形の**封筒の中に，封筒と同じ形の紙**が入っているものとします。この封筒から紙を引き出します。すると，封筒から引き出された紙は平行四辺形の形をしています。また，封筒内にできた空洞部分は長方形の形をしています。封筒から引き出された紙の面積の分だけ，封筒内に空洞ができることから，この 2 つの形の面積は一致します。よって，平行四辺形の底辺を a，高さを h とすると，長方形の横が a，縦が h となるので，平行四辺形の面積 S は，$S = ah$ となります。

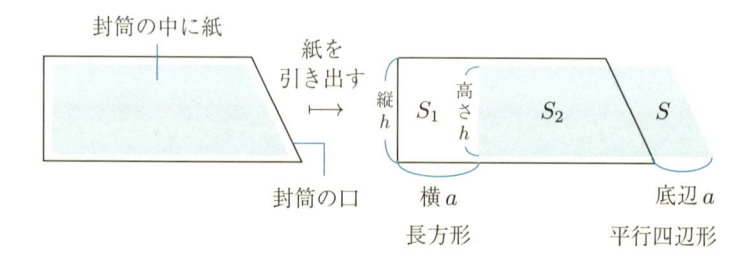

　また，別の考え方もできます。上図のように，平行四辺形の面積を S，長方形の面積を S_1，重なった部分の面積を S_2 とします。S と S_2 をあわせた形と，S_1 と S_2 をあわせた形は同じな

ので，$S + S_2 = S_1 + S_2$ となります。両辺から S_2 を引くと，$S = S_1$ です。つまり，「**平行四辺形の面積＝長方形の面積＝底辺 × 高さ**」となります。

　いま，封筒と中の紙が同じ形ということを利用しました。同じ形というアイデアを用いて，三角形と台形の面積を求めてみましょう。下左図のように，同じ形の 2 つの三角形をくっつけると平行四辺形になります。よって，「**三角形の面積＝平行四辺形の面積の半分＝底辺 × 高さ ÷ 2**」となります。下右図のように，同じ形の 2 つの台形をくっつけると平行四辺形になります。よって，「**台形の面積＝平行四辺形の面積の半分＝（上底 ＋ 下底）× 高さ ÷ 2**」となります。

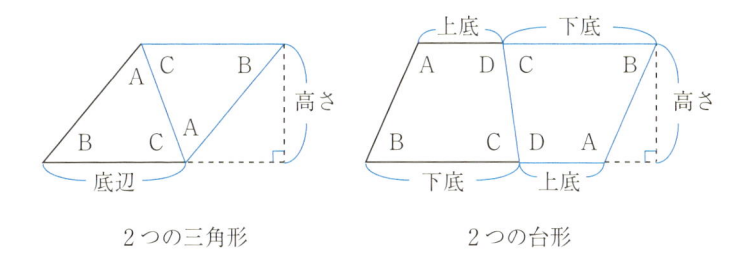

2 つの三角形　　　　　　　　　2 つの台形

　結局，三角形では底辺と高さがわかれば，面積を求められます。このことはまた，三角形の頂点を底辺と平行に移動させても面積は同じになることを意味します。一般に，面積が等しくなるように図形の形を変えることを等積変形といいます。

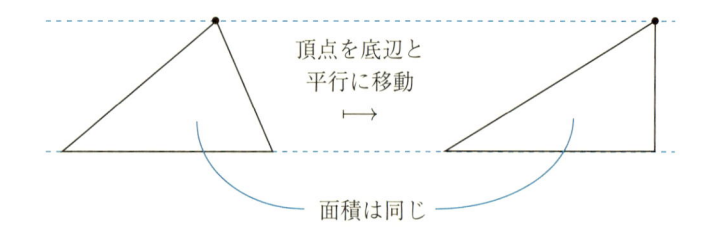

頂点を底辺と
平行に移動
⟶

面積は同じ

　三角形の頂点を底辺と平行に移動させることで，任意の三角形を直角三角形や二等辺三角形に等積変形することができるとわかります。では，任意の三角形を直角二等辺三角形や正三角形に等積変形することはできるのでしょうか？　このような疑問は自然なことです。もとの三角形の面積を測り，直角二等辺三角形や正三角形の辺の長さを計算して求めればよいのですが，計算をしないで図形的に等積変形することはできるのでしょうか？　例えば，「定規とコンパスを用いて作図する」ことで，任意の三角形を直角二等辺三角形や正三角形に等積変形することはできるのでしょうか？　実は可能であることが知られています。

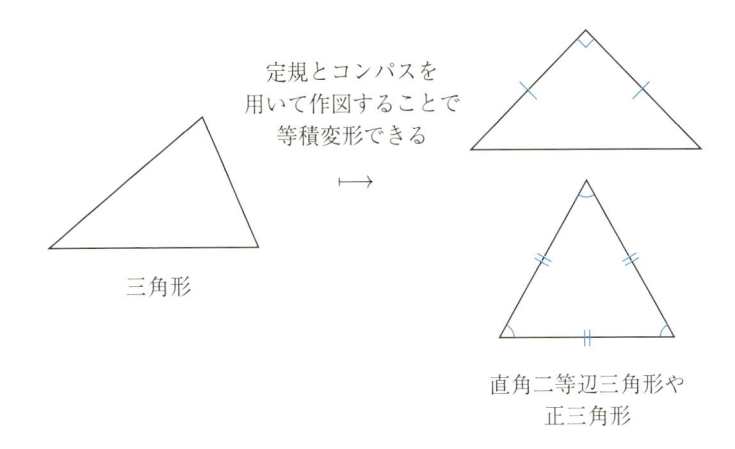

定規とコンパスを
用いて作図することで
等積変形できる
$\longmapsto$

三角形

直角二等辺三角形や
正三角形

　このような作図問題は古代ギリシャより多く考えられてきました。その中で長い間未解決だった問題があります。「定規とコンパスを用いて作図する」ことで，任意の円を正方形に等積変形することはできるか？　これは 19 世紀にリンデマンが円周率が超越数であることを証明したことにより，不可能であることが証明されました。

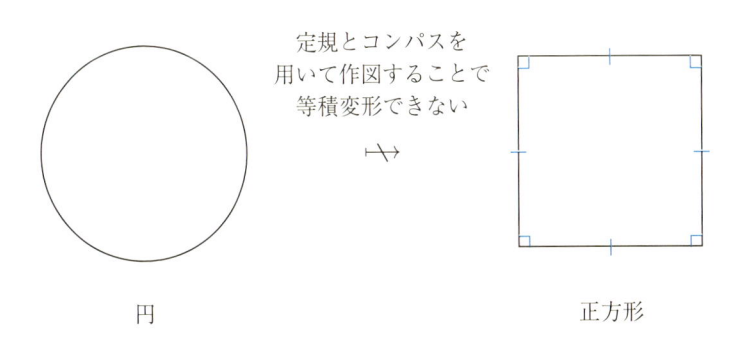

定規とコンパスを
用いて作図することで
等積変形できない
$\longmapsto\!\!\!/$

円

正方形

1.5 分割し，並べ替えることで面積を求める

　前節で考えたように，ある条件のもとで図形を等積変形することはよくあります。例えば，線分で分割された図形を並べ替えることで別の図形を作るというシルエットパズルがあります。これも図形の面積は変わらないので，等積変形です。では，任意の三角形を有限個の線分で分割し，並べ替えることで，直角二等辺三角形や正三角形に等積変形することはできるのでしょうか？　実はできるのです。次のボヤイ・ゲルヴィンの定理によって，三角形に限らず任意の多角形（いくつかの線分で囲まれる図形）においても可能なのです。

ボヤイ・ゲルヴィンの定理

　2つの多角形の面積が等しければ，それらを有限個の線分で分割し，並べ替えることで，一方から他方に等積変形できる。

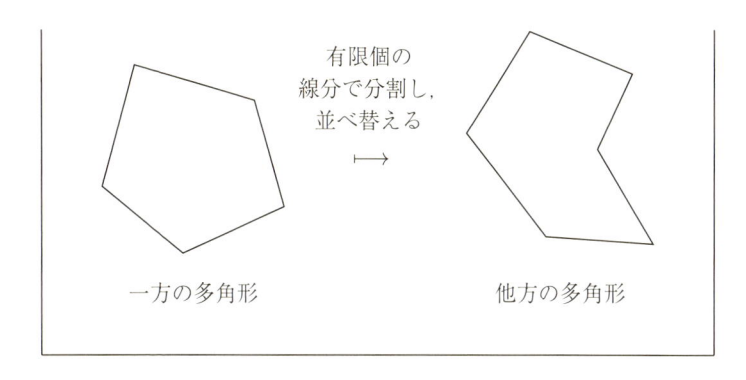

以下で，ボヤイ・ゲルヴィンの定理を証明していきますが，まずは次の補題を示します。

補題

　平面上の多角形を有限個の線分で分割し，並べ替えることで，1 辺が与えられた長さ（それを 1 としておく）の長方形に等積変形できる。

有限個の
線分で分割し，
並べ替える
$\longmapsto$

多角形

1

長方形（1 辺の長さが 1）

（ⅰ） 多角形の頂点を結び，三角形に分割します。下図では4つの三角形に分割しています。

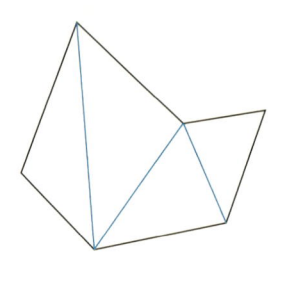

多角形

（ⅱ） それぞれの三角形において，一番長い辺が底辺になるように回転しておきます。このとき，2つの底角は鋭角となります。高さの半分の位置に水平線を引き，頂点から垂線を下ろして図のように分割し，並べ替えることで，長方形に等積変形します。

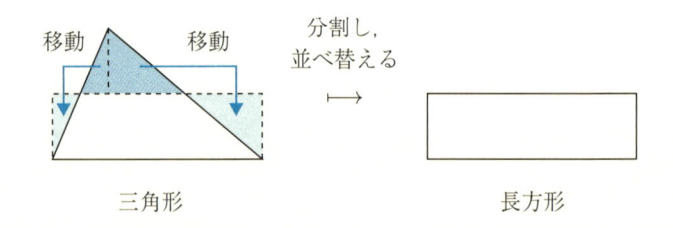

三角形　　　　　　　　　　　長方形

(iii)　変形した長方形の内部に長さ 1 の線分をとるために，長方形を細長くしておきます。高さの半分の位置に水平線を引き，図のように分割し，並べ替えることで，長方形を縦に短く，横に長くします。必要であれば繰り返して，長方形の縦の長さを 1 以下，横の長さを 1 以上にします。

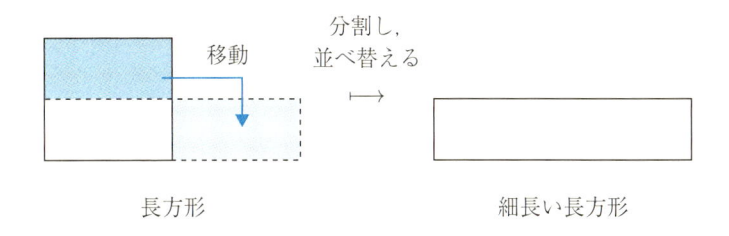

(iv)　細長い長方形内に長さ 1 の線分を，2 つの端点が頂点と辺上に位置するようにとります。図のように分割し，並べ替えることで，1 辺の長さが 1 の平行四辺形に等積変形します。

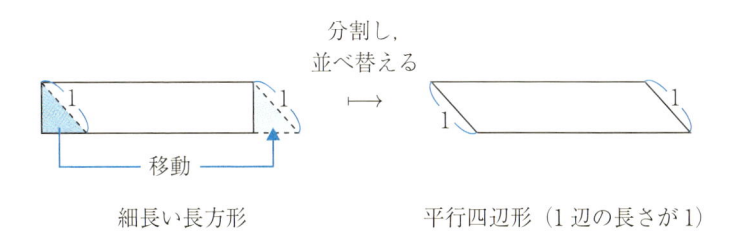

（ⅴ）　1辺の長さが1の平行四辺形を，底辺の長さが1になるように回転しておきます。図のように平行四辺形を水平線や鉛直線で分割し，並べ替えることで，1辺の長さが1の長方形に等積変形します。

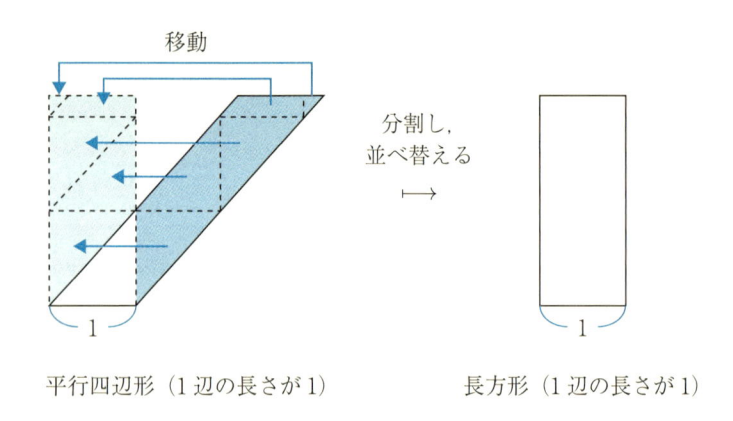

平行四辺形（1辺の長さが1）　　　　　　長方形（1辺の長さが1）

（ⅵ）　多角形を分割してできたそれぞれの三角形を，1辺の長さが1の長方形に等積変形し，それらを縦に並べます。そうすることで，多角形を1辺の長さが1の長方形に等積変形できます。これで補題を示せました。**多角形の面積 S は，1辺の長さが1の長方形の縦の長さと等しくなります。**補題は，多角形の面積 S が（計算をしないで）図形的に求められることを意味します。

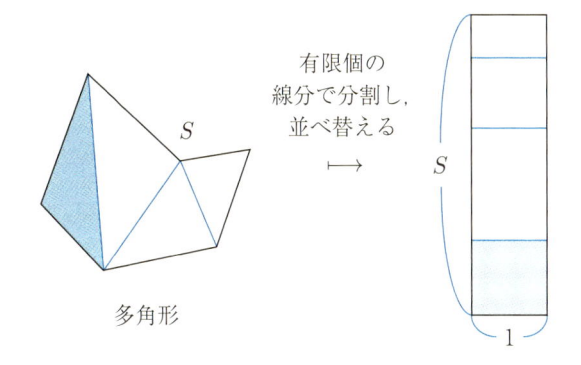

有限個の
線分で分割し,
並べ替える
$\longmapsto$

S

多角形

長方形（1 辺の長さが 1）

　補題をもとに，ボヤイ・ゲルヴィンの定理を示します。次の図の 1 つ目と 5 つ目の 2 つの多角形があったとき，補題によって，それぞれ 2 つ目と 4 つ目の長方形のように等積変形します。3 つ目の長方形のように，両方の分割を重ねあわせた分割を作ります。ただし，実際の分割の様子を正確に描いてしまうと見にくくなるので，図の分割は不正確です。両方の分割を重ねあわせた長方形を経由することで，面積が等しい多角形を有限個の線分で分割し，並べ替えることで，等積変形できます。

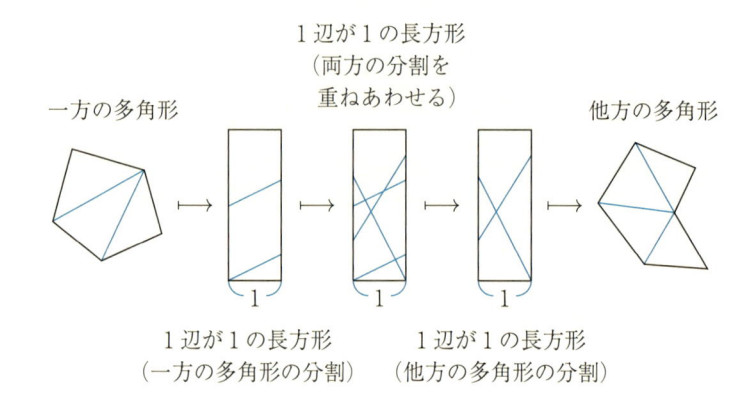

一方の多角形

1 辺が 1 の長方形
（両方の分割を
重ねあわせる）

他方の多角形

1
1 辺が 1 の長方形
（一方の多角形の分割）

1
1 辺が 1 の長方形
（他方の多角形の分割）

　ボヤイ・ゲルヴィンの定理の証明により，具体的な分割の仕方もわかります。例えば正方形を有限個の線分で分割し，並べ替えることで同じ面積の正三角形に等積変形するような分割もわかります。しかし，それを最小の個数の分割で実現したい場合はどうすればよいでしょうか？　次の図のようにすればよいことが，デュードニーによって考えられました。図のような切れ目を入れられた正方形の板を作って，正三角形になるよう並べ替えるシルエットパズルとして遊んでみても面白いですね。

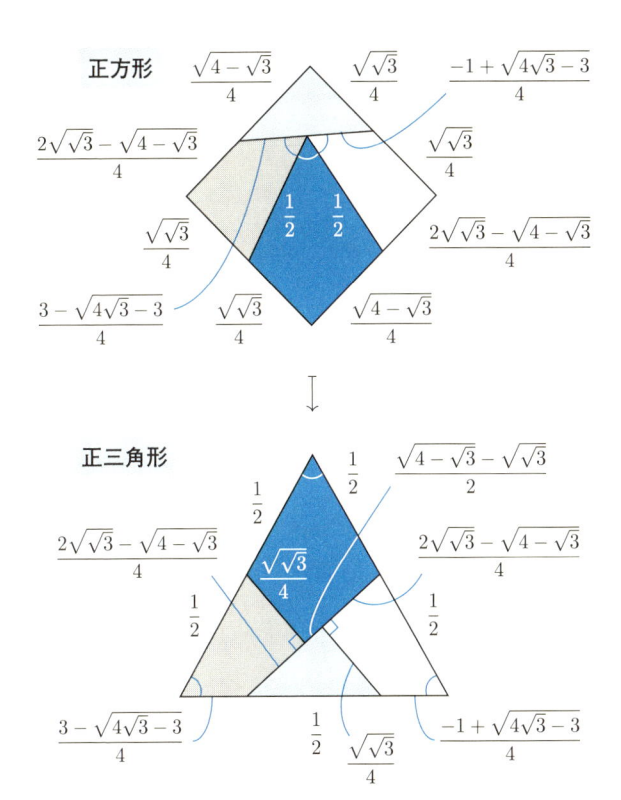

　また，ボヤイ・ゲルヴィンの定理の応用として，三平方の定理（ピタゴラスの定理）を示すことができます。

三平方の定理（ピタゴラスの定理）

　直角三角形の直角をなす 2 辺の長さを a, b とし，斜辺の長さを c とすると，

$$a^2 + b^2 = c^2$$

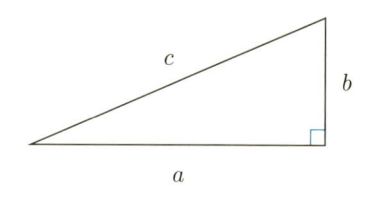

　以下，三平方の定理（ピタゴラスの定理）を示します。

　次の図のように，1 辺が a の正方形と 1 辺が b の正方形をあわせた図形を線分で分割し，3 辺が a, b, c の直角三角形 4 個と 1 辺が $a - b$ の正方形 1 個にします。それらを並べ替えることで，1 辺が c の正方形に等積変形します。よって，$a^2 + b^2 = c^2$ が成り立ちます。

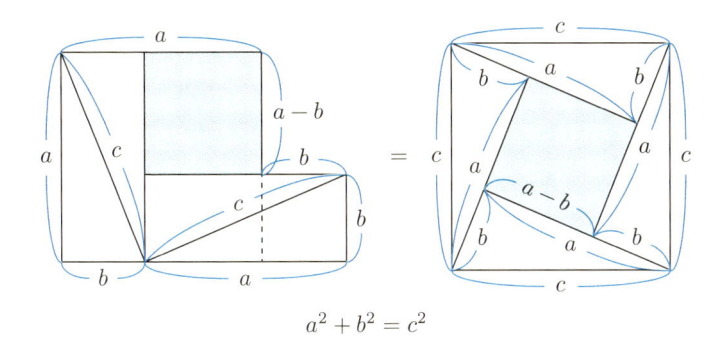

$$a^2 + b^2 = c^2$$

　余談ですが，この三平方の定理（ピタゴラスの定理）の証明は，平面・直線・平行などの概念がもとになっています。ユークリッドは，それらの概念の間の関係を性質として公理化することで定めました。特に，ある1点を通り，ある直線に平行な直線は1本だけあるとしました。これはユークリッド幾何学と呼ばれています。しかし，ボヤイ，ロバチェフスキー，ガウスは，平行線はないとしても，複数本あるとしても無矛盾であることを示しました。これは非ユークリッド幾何学と呼ばれています。

　現実にこの宇宙空間で，平行線は何本あるのでしょうか？　その前に，そもそも平行線とは何でしょうか？　空間とは何でしょうか？　例えば地球の表面は平らのように見えますが，実際には球です。より正確にいうと回転楕円体です。宇宙空間も平らなように見えて，実際には曲がっていることがわかっています。ただ，宇宙空間の全体がどうなっているのかはわかっていません。上のような疑問を考えるとき，空間全体の概念から考えていくのではなく，空間の局所的な範囲における距離の概念を出発として

考えていくリーマン幾何学というものが有効になります。

　高校では，座標平面における原点と点 (x, y) との距離が $\sqrt{x^2 + y^2}$ であることを，三平方の定理（ピタゴラスの定理）によって示しました。しかし，宇宙という現実的空間にも適用されるリーマン幾何学では，紙の上などのように狭い範囲での距離を，$\sqrt{x^2 + y^2}$ という式で定義する，という考え方をしています。なぜ距離が $\sqrt{x^2 + y^2}$ なのか，ということは考えていません。いってみれば，「三平方の定理」を「三平方の定義」扱いとしているのです。

　このように，数学では，概念に対する解釈が時代とともに変わっていくことがあります。

1.6 カバリエリの原理で体積を求める

　ボヤイ・ゲルヴィンの定理は平面図形の面積に関するものでしたが，3 次元で考えて，空間立体の体積に関して，同様のことは成り立つでしょうか？　2 つの多面体（いくつかの平面で囲まれる図形）の体積が等しければ，それらを有限個の平面で分割し，並べ替えることで，一方から他方に等積変形（体積が等しくなるように立体の形を変えること）できるのでしょうか？

　この問題は 20 世紀初頭にヒルベルトが提唱した未解決 23 問題の第 3 問題になります。これはデーンによって，不可能であることが証明されました。次のように，デーンの定理と呼ばれます。

デーンの定理

　2 つの多面体の体積が等しくても，一般には，それらを有限個の平面で分割し，並べ替えることで，一方から他方に等積変形できない。

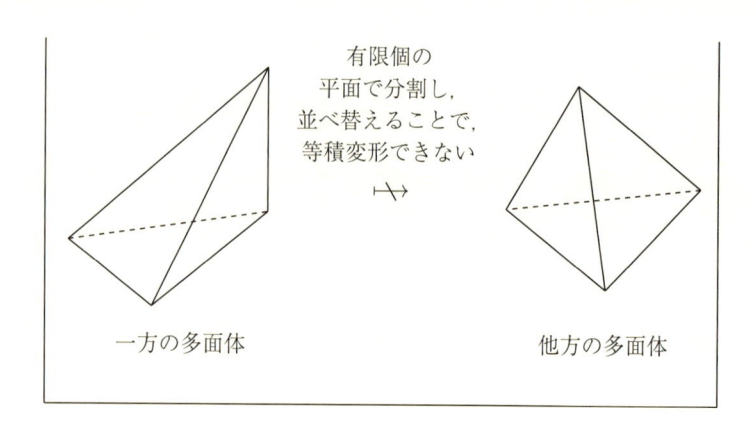

有限個の
平面で分割し，
並べ替えることで，
等積変形できない
↮

一方の多面体　　　　　　　　　他方の多面体

　ここで改めて，図形を変形する際の条件を整理していきます。

（ⅰ）　まず，平面上に2つの三角形があるとき，同じ形状であれば合同といいます。変形の条件として述べると，合同とは，平行移動，回転移動，線対称移動の組み合わせにより，一方の図形が他方に移ることができるということです。このような移動を合同変換といいます。また，その性質から等長変換とも呼ばれます。

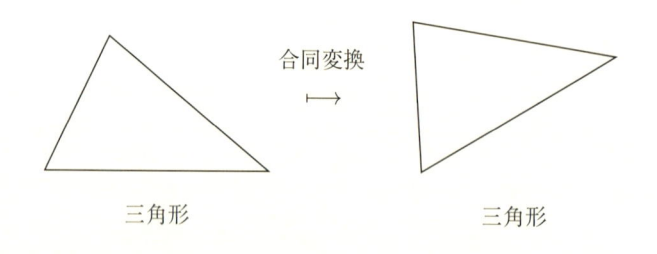

合同変換
⟼

三角形　　　　　　　　　　　三角形

　「三角形が合同 ⇒ 面積が等しい」という性質があります。しか

し，この逆は成り立ちません。例えば直角三角形と正三角形で同じ面積になることがあるように，「三角形の面積が同じ $\not\Rightarrow$ 合同」です。

　「三角形が合同 $\Rightarrow$ 3 辺がそれぞれ等しい」という性質もあります。これについては，「三角形の 3 辺がそれぞれ等しい $\Rightarrow$ 合同」と逆も成り立ちます。このとき，「三角形が合同 $\Leftrightarrow$ 3 辺がそれぞれ等しい」となります。よって，具体的に 2 つの三角形が与えられたとき，合同であるかを判断するには，あらゆる平行移動，回転移動，線対称移動を調べるのではなく，3 辺の長さを比べればよいことになります。このような必要十分条件（同値条件，完全な判定条件）を考えることで，合同であるかが判定しやすくなります。2 つの三角形が合同であるかを判定する方法はほかにもあり，中学校では合同条件を，「3 辺がそれぞれ等しい」「2 辺とその間の角がそれぞれ等しい」「1 辺と両端の角がそれぞれ等しい」と習います。

(ⅱ)　合同変換に，1 点を中心とする拡大移動も加えた変換を，相似変換といいます。一方の図形が相似変換で他方に移ることができれば，相似といいます。2 つの三角形が相似であるかを判定する方法として，中学校では相似条件を，「3 辺の比がそれぞれ等しい」「2 辺の比とその間の角がそれぞれ等しい」「2 角がそれぞれ等しい」と習います。

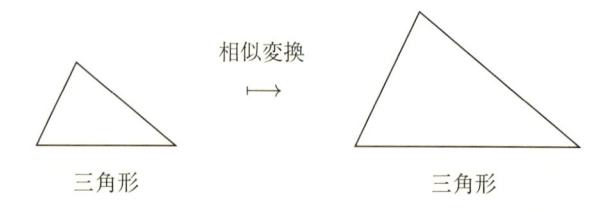

相似変換

三角形　　　　　　　　　三角形

　合同や相似は，三角形だけでなく，多角形，円などの曲線で囲まれた図形でも考えられます。また，3次元の図形でも考えられます。

(ⅲ)　図形を多角形とし，2つの図形の間の変形を「それぞれの図形を有限個の線分で分割し，分割したものどうしを合同変換する」とした場合に，「多角形が有限線分分割合同 ⇔ 面積が等しい」というのがボヤイ・ゲルヴィンの定理の内容です。

(ⅳ)　図形を多面体とし，2つの図形の間の変形を「それぞれの図形を有限個の平面で分割し，分割したものどうしを合同変換する」とした場合に，「多面体が有限平面分割合同 ⇎ 体積が等しい」というのがデーンの定理の内容です。

　ですから，例えば四面体の体積を求めたいとき，体積を求めやすい多面体に等積変形したいのですが，そのような変形ではうまくいかず困ってしまいます。よい方法はないでしょうか？　実は，次の**カバリエリの原理**を使えば求めることができるのです。

カバリエリの原理

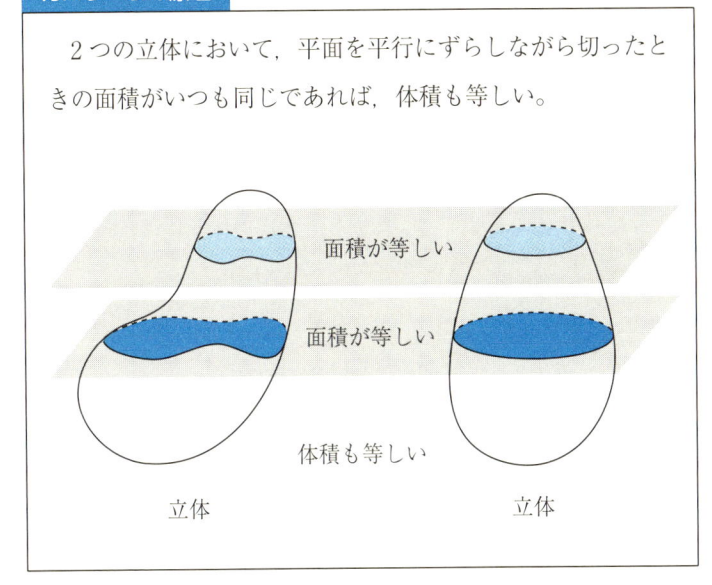

2つの立体において，平面を平行にずらしながら切ったときの面積がいつも同じであれば，体積も等しい。

面積が等しい

面積が等しい

体積も等しい

立体　　　　　　　　　　　　立体

　カバリエリの原理を使って，四面体 OABC の体積 V を求めてみましょう。次の図のように，三角形 ABC を底面とし，その面積を S，頂点 O までの高さを h とします。まず，頂点 O を底面と平行に移動させた四面体 O$'$ABC を作ってみます。図では見やすいように底面をずらして描いています。2つの四面体を底面に平行な平面で切断すると，切断面としてそれぞれ三角形 DEF と三角形 D$'$E$'$F$'$ ができるとします。このとき，三角形 ODE ∽三角形 OAB，三角形 O$'$D$'$E$'$ ∽三角形 O$'$AB であり，それぞれの相似比は等しくなります。よって，DE = D$'$E$'$ となります。同様に他の辺も等しいので，三角形 DEF ≡三角形 D$'$E$'$F$'$ となりま

す。面積においても，三角形 DEF ＝三角形 D′E′F′ です。した
がって，カバリエリの原理より四面体どうしの体積においても，
四面体 OABC ＝四面体 O′ABC です。このことはまた，四面体
の頂点を底面と平行に移動させても体積は等しくなることを意味
します。例えば四面体の頂点を底面のいずれかの頂点の真上にく
るように移動してみても（これを 2 直角四面体と呼ぶことにしま
す）体積は等しくなります。

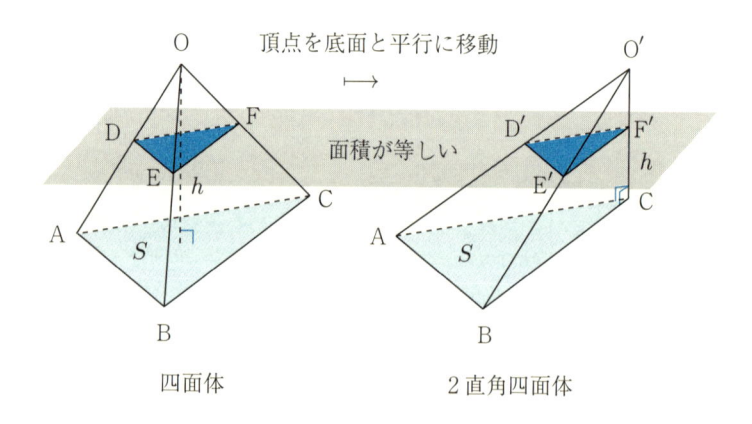

四面体　　　　　　　2 直角四面体

次に，底面が先ほどの四面体の底面と合同で，高さが同じ三角
柱を考えてみます。底面積は S，高さは h です。それを次の図の
ように 3 つの平面で切り，3 つの四面体に分割してみます。1 つ
目の 2 直角四面体と 2 つ目の 2 直角四面体は，底面積 S の三角
形は合同で，高さは h となり体積は等しいです。2 つ目の 2 直角
四面体と 3 つ目の四面体は，底面積 T の三角形は合同で，同じ
頂点までの高さは等しいため，体積は等しいです。よって，3 つ

の四面体の体積は等しくなります。三角柱の体積は Sh なので，1 つの四面体の体積は $V = \dfrac{Sh}{3}$ となります。

　以上より，一般の四面体の体積は，「**四面体の体積＝底面積 × 高さ ÷ 3**」と求められます。

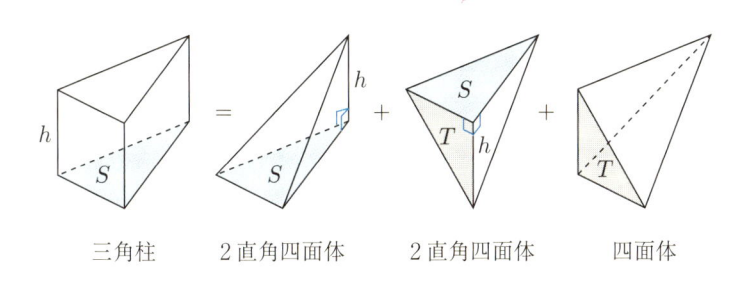

三角柱　　　2 直角四面体　　2 直角四面体　　　四面体

　カバリエリの原理は，空間とは何か，実数とは何かといった概念が確立されていなかった時代に，経験的に真実であるだろうが他からは証明されないので，原理として扱われたものです。現代では，四面体の体積の公式は，微積分学を用いて求めます。図形を変形する際の条件について，また別のものを紹介します。

（ⅴ）　3 次元の図形の変形を，「有限個に分割し（平面で切断するとは限らない），分割したものそれぞれを合同変換する」とします。このように図形を変形したとき，実はもはや，「体積が等しい」という性質は保たれなくなります。実際，次のバナッハ・タルスキーのパラドックスというものが知られています。このことは直感に反し，とても意外です。

　図形を有限個に分割し（平面で切断するとは限らない），分割したものそれぞれを合同変換することで，半径1の球体を半径2の球体に変形できる。

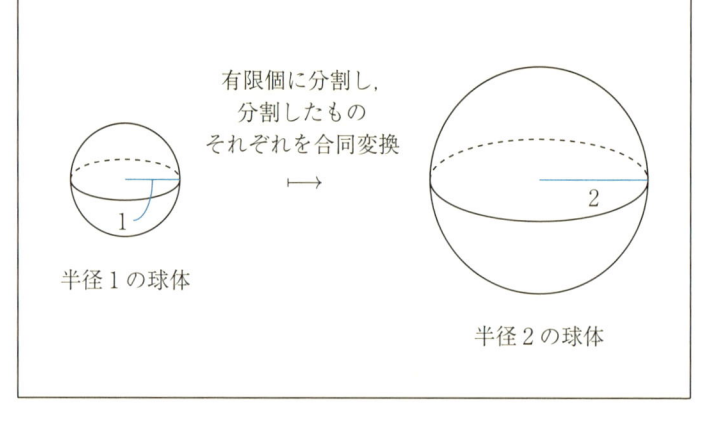

有限個に分割し，
分割したもの
それぞれを合同変換

半径1の球体

半径2の球体

　ただし，このときの分割は，図で表せるような簡単なものではなく，分割したそれぞれの形の体積が定まるものでもありません。集合や数式で表されるようなものです。また，球体というのは，数学的概念として座標が実数で表される点の集まりであり，化学的概念の鉄球のように原子で表されるような球体とは違っています。しかし，それでも直感に大きく反しますね。そこには「選択公理」という，数学者の間でも認めるか認めないか少し議論になるようなことが使われていたりします。そもそも球体は無限個の点からできていて，有限の世界で生きている我々には直感で把握しきれないものがあるのです。

(vi)　バナッハ・タルスキーのパラドックスは 3 次元での話です。2 次元の円板では，同じことはいえないことが知られています。つまり，図形を有限個に分割し（直線で切断するとは限らない），分割したものそれぞれを合同変換することで，半径 1 の円板を半径 2 の円板に変形することはできません。

(vii)　しかし，図形を変形する際の条件を少し変えて，「図形を無限個を許して分割し，分割したものそれぞれを移動する」としてみます。こうすれば，半径 1 の円板を半径 2 の円板に変形できます。半径 1 の円板 $= \{(x,y) \mid x^2 + y^2 \leqq 1\}$ と，半径 2 の円板 $= \{(x,y) \mid x^2 + y^2 \leqq 4\}$ に対し，$(x,y) \mapsto (2x, 2y)$ という無限個に分割した点の移動をすればよいだけです。

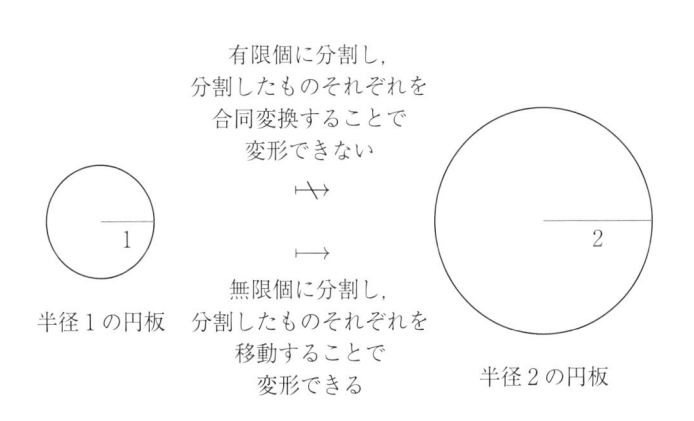

有限個に分割し，
分割したものそれぞれを
合同変換することで
変形できない

無限個に分割し，
分割したものそれぞれを
移動することで
変形できる

半径 1 の円板　　半径 2 の円板

「図形を無限個を許して分割し，分割したものそれぞれを移動する」場合，2 つの図形に含まれる点の個数（正確には濃度とい

う）が等しければ変形できます。このように無限個に分割するというのはとても強力で，例えば長さ1の線分を無限個に分割して移動することで，平面全体に変形できることが知られています。ここまでくると幾何学というより集合論です。「図形を無限個を許して分割し，分割したものそれぞれを移動する」ことを集合論の言葉でいうと，「集合から集合へ全単射な写像をする」ことになります。

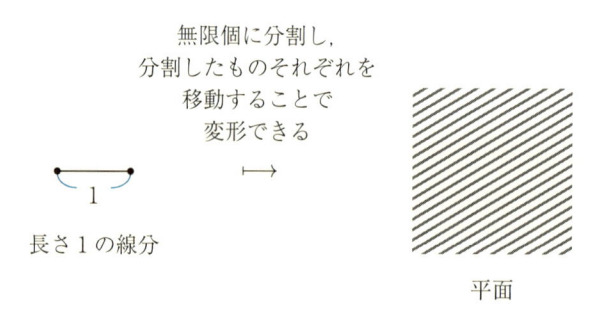

無限個に分割し，
分割したものそれぞれを
移動することで
変形できる

長さ1の線分

平面

ここまでの例のように，空間，図形，変換，変わらない性質（不変量という）について，いろいろなバリエーションを考えることができます。こういった観点から幾何学の分野を整理することを提唱したのが，クラインのエルランゲン・プログラムです。

合同変換では，「三角形が合同 ⇒ 面積が等しい」ので面積は不変量（変わらない性質）です。しかし，「三角形の面積が等しい ⇏ 合同」なので面積という不変量は完全ではありません（面積だ

けで三角形が合同かそうでないかを完全には判定できない）。「三角形が合同 ⇔ 3 辺がそれぞれ等しい」ので（大きさの順に並べた）3 辺の組という不変量は完全です（3 辺の組だけで三角形が合同かそうでないかを完全に判定できる）。

　相似変換では，「三角形が相似 ⇔ 2 角がそれぞれ等しい」ので（大きさの順に並べた）2 角の組という不変量は完全です。

　有限個の線分で分割し，並べ替える変換では，「多角形が有限線分分割合同 ⇔ 面積が等しい」ので面積という不変量は完全です。

　全単射な写像では，「一方の集合から他方の集合へ全単射な写像がある ⇔ 個数（濃度）が等しい」ので個数（濃度）という不変量は完全です。

　それぞれに対して幾何学としての分野があることになります。分野ごとに，変換できる図形どうしを同じものとみなし，たくさんある図形を分類することは，研究の 1 つの方向性です。

　その他，有名な幾何学の分野として，射影幾何学，位相幾何学（トポロジー）があります。射影幾何学では，空間にある平面から他の平面へ，1 点から出る光の影によって変換できる図形どうしを同じとみなします。放物線，楕円，双曲線は同じものとみなされます。位相幾何学（トポロジー）では，連続して変形できる図形どうしを同じとみなします。3 次元閉多様体というものの分類問題にからんで，ポアンカレ予想と呼ばれるものがあるのですが，21 世紀になってペレルマンによって証明されました。こういった関連性を考えていくと面白いですね。

1.7 ずらし変形で面積を求める

平面の図形を有限個の線分で分割し，並べ替えることで等積変形し，さらに極限を考えることも許していきます。本書の造語ですが，**ずらし変形**ということにします。ずらし変形で，基本的な図形の面積公式が導けます。

（ⅰ） 底辺 a，高さ h の平行四辺形の面積 S を考えます。図のように，「分割移動」をすることで長方形に等積変形でき，$S = ah$ となります。

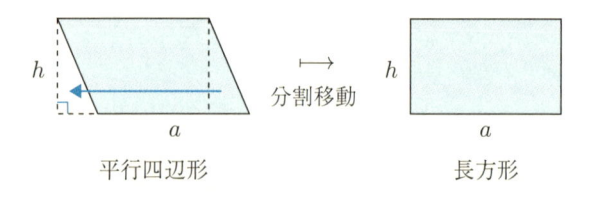

また，ずらし変形を利用して次のようにもできます。平行四辺形に対し，まず「分割ずらし」をします。分割の「極限」をとることで長方形に等積変形でき，$S = ah$ となります。

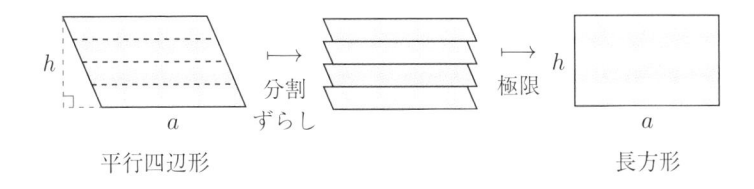

平行四辺形　　　　　　　　　　　　　　　　　　　長方形

　これは，カバリエリの原理（1.6 節参照）の 2 次元版に相当します。ただ，この「極限」の考えには注意が必要です。上図の中央のギザギザ図形の極限は確かに長方形になります。しかし，一般には，ギザギザ図形の性質が極限の長方形の性質として保たれるとは限りません。例えば，ギザギザ図形の周囲の長さの極限は，長方形の周囲の長さに一致しません。でも，ギザギザ図形の面積の極限は，長方形の面積に一致することはいえます。このことを厳密に説明するとなると，極限とは何かということを語らなければなりません。それは微積分学の分野になります。

（ⅱ）　半径 a，弧長 l のおうぎ形の面積 S を考えます。おうぎ形に対し，「分割交互ずらし」をして「極限」をとることで，長方形に等積変形でき，$S = a \cdot \dfrac{l}{2} = \dfrac{1}{2}al$ となります。

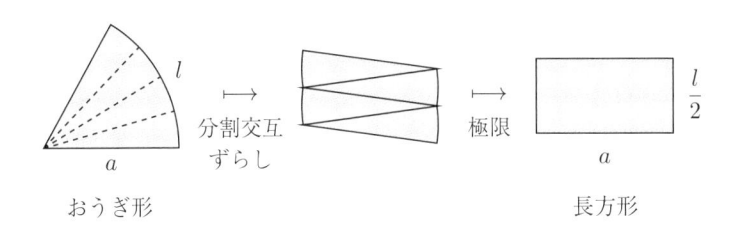

おうぎ形　　　　　　　　　　　　　　　　　　　長方形

ここで，おうぎ形の頂角を弧度法で θ [ラジアン] とします。弧度法とは，単位円（半径は 1）の中心に頂角を置いたときに，単位円が角によって切り取られる弧の長さのことです。つまり，角 θ とは，下左図の長さ θ のことです。半径 1 の円の円周の長さは，定義より，直径 × 円周率 $= 2\pi$ なので，$360° = 2\pi$ ラジアンとなります。通常は単位 [ラジアン] は省略します。

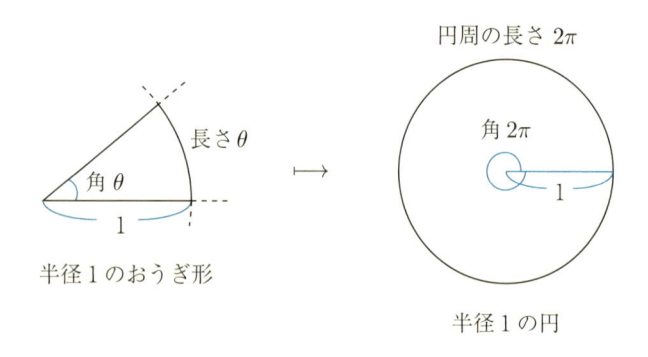

半径 1 のおうぎ形　　　　　半径 1 の円

　次の右図の頂角 θ，半径 a のおうぎ形の弧長 l は，左図の頂角 θ，半径 1 のおうぎ形の弧長 θ の a 倍なので，$l = a\theta$ です。したがって，おうぎ形の面積 S は，

$$S = \frac{1}{2}al = \frac{1}{2}a \cdot a\theta = \frac{1}{2}a^2\theta$$

と書くこともできます。

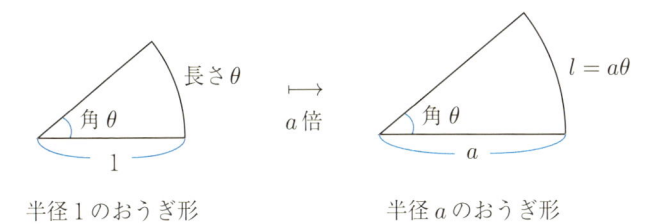

特に，おうぎ形の中心角 θ が $\theta = 2\pi$ の場合は円になります。半径 a の円の面積 S は，

$$S = \frac{1}{2}a^2\theta = \frac{1}{2}a^2 \cdot 2\pi = \pi a^2$$

です。

(iii)　おうぎ形からおうぎ形を切り取った形は，缶詰のパインに似ているので，本書ではパイン形と呼ぶことにします。

　線分部分が a，弧部分が l，L のパイン形の面積 S を考えます。パイン形に対し，「分割交互ずらし」をして「極限」をとることで，長方形に等積変形できます。よって，$S = a \cdot \dfrac{l + L}{2}$ となります。

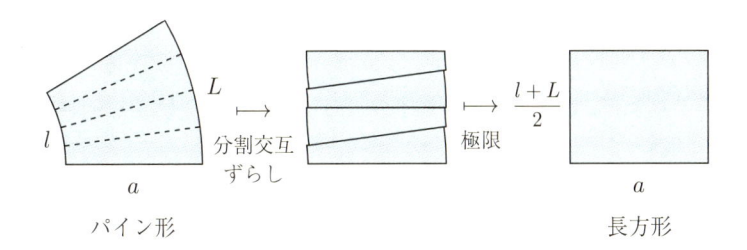

また，次のようにもできます。パイン形に対し，前ページの左図の分割線に対して，平行な分割線を下左図のように追加します。下左図の8つの分割形のうち4つは長方形に近い形状になるので，それらを集めて重ねて，ギザギザのある長方形のような形にします。残りの4つはおうぎ形に近い形状になるので，それらを集めて重ねて，ギザギザのあるおうぎ形のような形にします。このような「分割別ずらし」をして「極限」をとることで，長方形とおうぎ形に等積変形できます。2つの図形の面積をあわせて，$S = al + a \cdot \dfrac{L-l}{2} = a \cdot \dfrac{l+L}{2}$ となります。

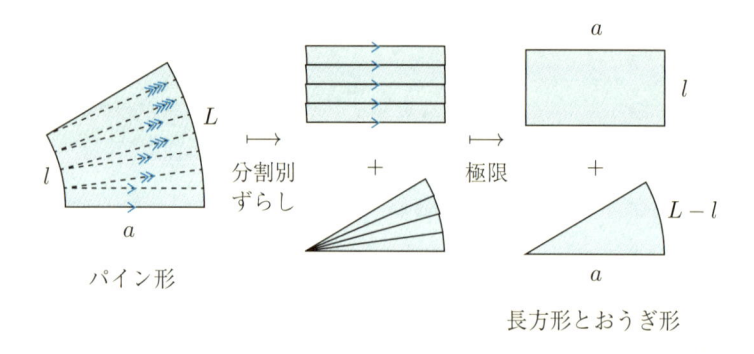

パイン形　分割別ずらし　極限　長方形とおうぎ形

(iv)　半径 b の円の半径と垂直な長さ a の線分が，円の中心 O を中心に角 θ だけ回転した形は，鳥のクチバシに似ているので，本書ではクチバシ形と呼ぶことにします。

　クチバシ形の面積 S を考えます。次の図のように「分割移動」をすることで，パイン形に等積変形でき，大小のおうぎ形の面積

の差として，

$$S = \frac{1}{2}c^2\theta - \frac{1}{2}b^2\theta = \frac{1}{2}(c^2 - b^2)\theta$$

となります。三平方の定理（ピタゴラスの定理）より，$c^2 - b^2 = a^2$ なので，

$$S = \frac{1}{2}a^2\theta$$

となります。

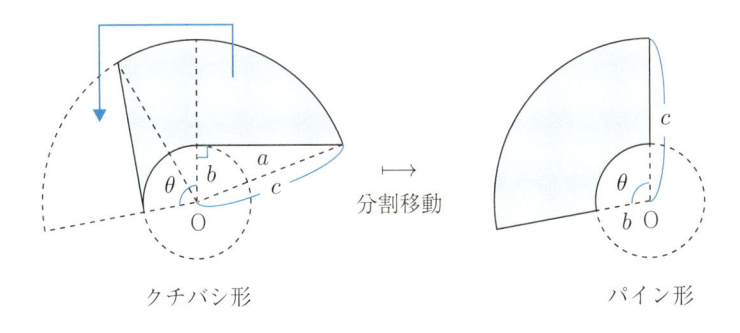

クチバシ形　　　　　　　　　　　　　　　　　　パイン形

　また，ずらし変形を利用して次のようにもできます。クチバシ形を，円のいくつかの接線で分割します。次の左図の 4 つの分割形のうち隣り合ったものはそれぞれ線分を共有していますが，それらの線分を重ねたまま，線分の左端が 1 つの点の近くへ集まるようにずらします。極限をとると，それぞれの分割形はおうぎ形に近づき，全体としてもおうぎ形に近づきます。よって，クチバシ形の面積 S は，

$$S = \frac{1}{2}a^2\theta$$

です。

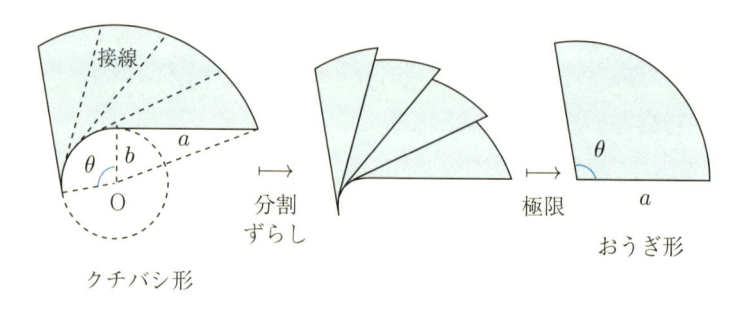

接線

θ b a

O

分割
ずらし

$\longrightarrow$

極限

$\longrightarrow$

θ

a

おうぎ形

クチバシ形

　先ほどは，長さ a の線分の左端の軌跡は円の一部であり，分割線は常に円の接線（長さは a）となっていました。今度は，長さ a の線分の左端の軌跡を一般の凸図形に変えて，クチバシ形の弧を凸図形にしたものの面積 S を求めてみましょう。クチバシ形の弧を凸図形にしたものを，凸図形のいくつかの接線（長さは a）で分割します。次の左図の 6 つの分割形のうち隣り合ったものはそれぞれ線分を共有していますが，それらの線分を重ねたまま，線分の左端が 1 つの点の近くへ集まるようにずらします。極限をとると，それぞれの分割形はおうぎ形に近づき，全体としては円に近づきます。したがって，クチバシ形の弧を凸図形にしたものの面積 S は，

$$S = \frac{1}{2}a^2 \cdot 2\pi = \pi a^2$$

となります。

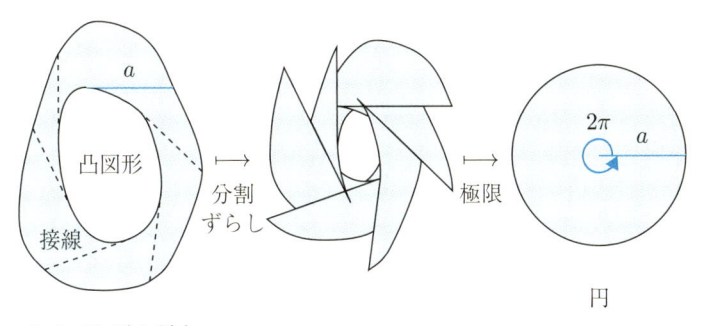

クチバシ形の弧を
凸図形にしたもの

円

　また，次のようにもできます。次の図のように，凸図形を多角形近似します。多角形近似の外角を中心角として，半径 a のおうぎ形を作ります。多角形の外角の和は 2π なので，それらのおうぎ形の頂点が 1 つの点に集まるようにずらすと半径 a の円になります。多角形近似の極限を考えれば，クチバシ形の弧を凸図形にしたものの面積 S は，

$$S = \frac{1}{2}a^2 \cdot 2\pi = \pi a^2$$

です。この面積は凸図形の大きさや形に無関係で常に一定であることを意味します。不思議ですね。

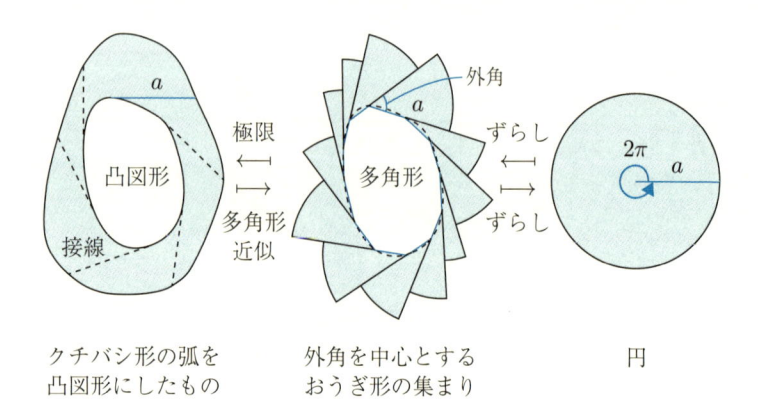

クチバシ形の弧を
凸図形にしたもの

外角を中心とする
おうぎ形の集まり

円

1.8　他の形と組み合わせて面積を求める

　面積を求めるとき，**他の形と組み合わせる**とうまく求められることがあります。

　O を中心とする半径 1 の単位球面上に 3 点 A，B，C をとります。3 点 O，A，B を通る平面で球面を切ると，その切断された断面は大円になります。球面を地球に例えると，大円とは赤道のような形です。大円は球面上の 2 点 A，B を結ぶ最短経路になります。同様に，B と C，C と A をそれぞれ大円で結びます。そうしてできる図形を単位球面三角形といいます。

　単位球面の表面積が 4π であることをもとにして（6.6 節参照），単位球面三角形 ABC の面積 S を求めてみます。

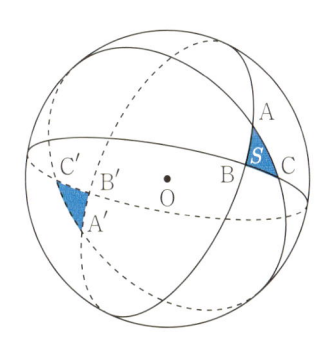

単位球面三角形

大円 AB と大円 AC の交点のうち，A でないほうを A′ としま
す。A′ は中心 O に関して A と対称な点になっています。同様
に，大円 BA と大円 BC の交点のうち，B でないほうを B′，大円
CB と大円 CA の交点のうち，C でないほうを C′ とします。こ
こで球面三角形を A，O，A′ が 1 点に見える方向から眺めると，
大円 AB と大円 AC は直線に見えます。このときの $\angle\text{BAC}$ を A
とします。同様に B，C も定めます。

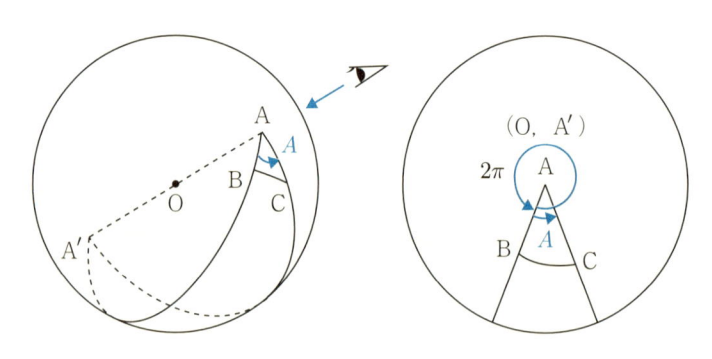

2 つの半円 ABA′，半円 ACA′ で　　　　A，O，A′ が 1 点に見える
　　　できる三日月形　　　　　　　　　　　方向から眺める

2 つの半円 ABA′，半円 ACA′ でできる三日月形の面積は，球
全体の表面積 4π の $\dfrac{A}{2\pi}$ 倍で，

$$S + \triangle\text{A}'\text{BC} = 4\pi \cdot \frac{A}{2\pi} = 2A \ \text{より，} \ \triangle\text{A}'\text{BC} = 2A - S$$

です。同様に，

$$S + \triangle\text{B}'\text{CA} = 4\pi \cdot \frac{B}{2\pi} = 2B \ \text{より，} \ \triangle\text{B}'\text{CA} = 2B - S$$

$$S + \triangle \mathrm{C'AB} = 4\pi \cdot \frac{C}{2\pi} = 2C \ \text{より，} \quad \triangle \mathrm{C'AB} = 2C - S$$

また，球全体の表面積から，

$$S + \triangle \mathrm{A'BC} + \triangle \mathrm{B'CA} + \triangle \mathrm{C'AB} + \triangle \mathrm{AB'C'}$$
$$+ \triangle \mathrm{BC'A'} + \triangle \mathrm{CA'B'} + \triangle \mathrm{A'B'C'} = 4\pi$$

対称なので，$\triangle \mathrm{A'B'C'} = S$，$\triangle \mathrm{AB'C'} = \triangle \mathrm{A'BC}$，$\triangle \mathrm{BC'A'} = \triangle \mathrm{B'CA}$，$\triangle \mathrm{CA'B'} = \triangle \mathrm{C'AB}$ より，

$$2(S + \triangle \mathrm{A'BC} + \triangle \mathrm{B'CA} + \triangle \mathrm{C'AB}) = 4\pi$$

両辺を 2 で割り，先ほどの式を代入して，

$$S + (2A - S) + (2B - S) + (2C - S) = 2\pi$$
$$S = A + B + C - \pi$$

このようにうまく求めることができました。

　この第 1 章で求めた面積・体積の公式を，以後の章では違う方法で求めていきます。

運動で面積を求める

2.1 線分の運動

　第1章では図形を分割し，「移動」を考えて面積を求めましたが，第2章では線分の「運動」を考えて面積を求めていきます。「移動」では図形の変形前と変形後のみを考えましたが，線分が「運動」することで，図形が時間の経過とともに徐々に変化していく様子を考えます。

　ほうきで地面の落ち葉をはいたり，トンボという道具でグラウンドの砂を地ならしして整備したりすると，線分が通過して図形ができます。現代では掃除機ロボットがホコリだらけの床をはいて，きれいにしていく様子をテレビコマーシャルで見かけることがあるでしょう。

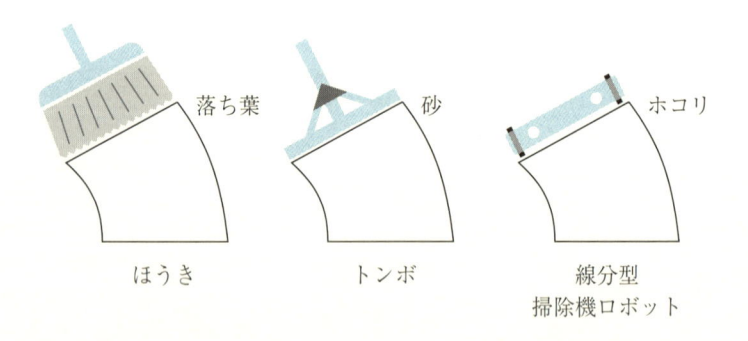

| ほうき | トンボ | 線分型
掃除機ロボット |

　ここでは，線分型掃除機ロボットをイメージして，それが動い

てできる面積を考えてみます。線分型掃除機ロボットを横から見ると，両端に動力源をもった動力輪があり，車軸は任意の向きに固定できるものとします。また，中央には補助輪があり，その車軸は線分と同じ向きに固定されているものとします。補助輪は地面との摩擦で線分と垂直方向に転がるだけで，線分と平行方向には（ずれるだけで）転がりません。

横から見た掃除機ロボット

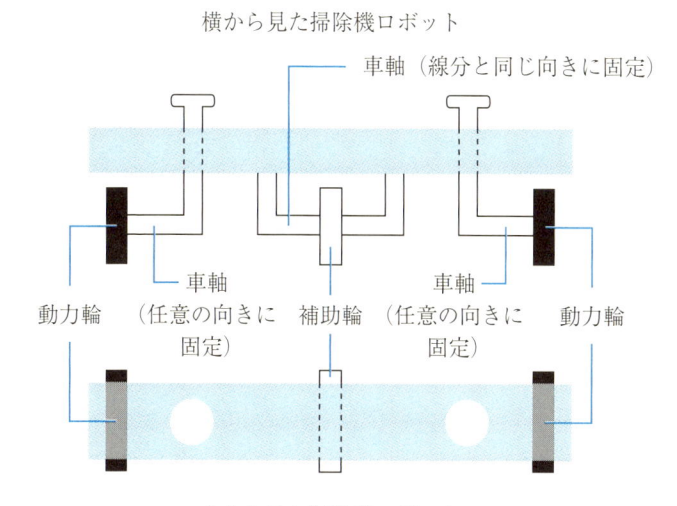

上から見た掃除機ロボット

　一般に，大きさのある物体（剛体という）の運動は，「並進運動」と「回転（自転）運動」の合成で表されます。線分型掃除機ロボットの「並進運動」に対し，ここでは（線分型掃除機ロボットから見た）「前進運動」と「横ずれ運動」に分解して考えます。

また，「回転運動」に対し，回転の中心はどこにとってもよいのですが，ここでは線分型掃除機ロボットの左端にとります。つまり，運動を（線分型掃除機ロボットから見た）「前進運動」，「横ずれ運動」，「（左端を中心とする）回転運動」に分解して考えます。

　線分型掃除機ロボットの両端の動力輪は，それぞれ一定の速度で動くものとしたとき，いくつかの基本的な運動の場合に限定し，線分型掃除機ロボットのはいた跡にできる図形の面積を考えていきます。

2.2 速度で面積を求める

（ⅰ）　「**前進運動**」のみのとき，線分型掃除機ロボットのはいた跡は長方形になります。

　長さ a の線分が通過して，縦 h の長方形ができたとします。時刻は $t = 0$ のときから $t = T$ のときまで動いたとします。左右の動力輪は，（線分に対して）垂直方向の速度成分 v（秒速）で動くものとし，v の大きさは一定とします。

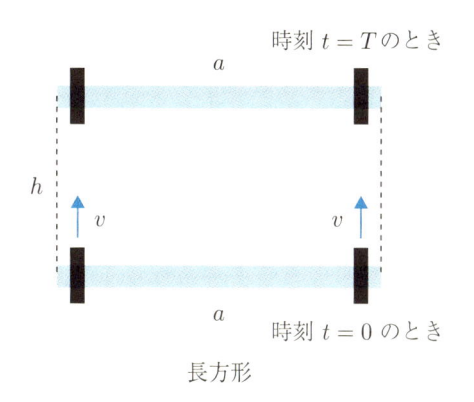

長方形

　線分は 1 秒当たり av の面積を増やしたと考えることができます。線分が動いたのは，時刻 $t = 0$ のときから $t = T$ のときまでの T 秒間なので，トータルで avT の面積を増やしました。ここで $vT = h$ なので，長方形の面積 S は，

$$S = avT = ah$$

です。

　ここで，線分型掃除機ロボットの補助輪が転がった距離は h です。よって，上の式は，

　線分がはく面積 ＝ 線分の長さ × 中点の補助輪が転がった距離

を満たしています。

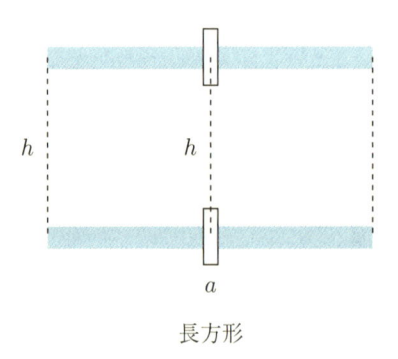

長方形

(ii)　「**横ずれ運動**」のみのとき，線分型掃除機ロボットのはいた跡は線分になります。

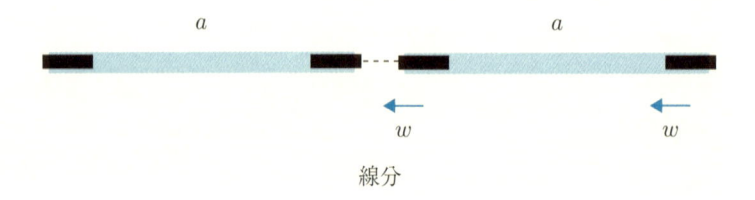

線分

長さ a の線分が通過しても，面積は増えません。線分の面積 S は，

$$S = 0$$

です。

ここで，線分型掃除機ロボットの補助輪は，横すべりはしますが，まったく転がりません。転がった距離は 0 です。よって，上の式は，

線分がはく面積 = 線分の長さ × 中点の補助輪が転がった距離

を満たしています。

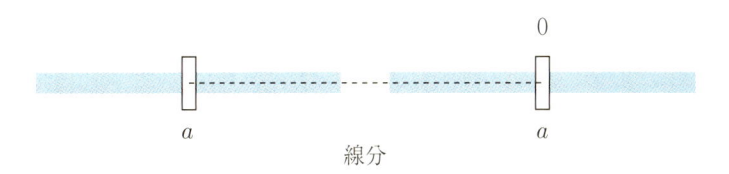

線分

(iii)　「回転運動」のみのとき，線分型掃除機ロボットのはいた跡はおうぎ形になります。

長さ a の線分が通過して，弧長 l のおうぎ形ができたとします。時刻は $t = 0$ のときから $t = T$ のときまで動いたとします。左の動力輪はまったく動かず，1 点にとどまっています。右の動力輪は，（線分に対して）垂直方向の速度成分 u で動くものとし，u の大きさは一定とします。

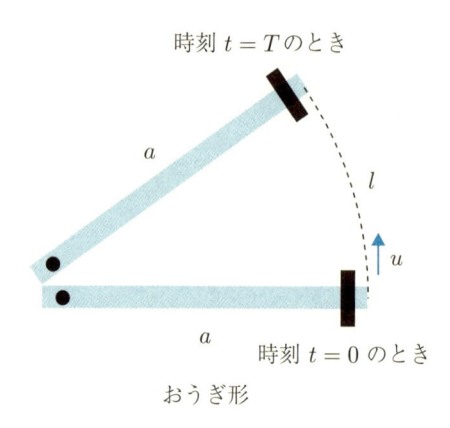

時刻 $t = T$ のとき

a

l

u

a 　時刻 $t = 0$ のとき

おうぎ形

　速度 u は各時刻での瞬間速度ですが，微小な時間内に限定すると，その中で 1 秒当たり距離 u だけ動きます。速度 u の大きさは常に一定ですが，地面に対する向きは時刻ごとに変化していきます。したがって，次の左図の弧長が u になります。しかし，微小な時間内はずっと速度 u の向きも一定だとして，右図の垂線の長さが u だとみなします。このとき，微小な時間内に限定して，線分は 1 秒当たり $\frac{1}{2}au$ の面積を増やしたと考えることができます。線分の右端は一定の速度で動くものとしていますので，微小な時間内に限定しなくても，線分は 1 秒当たり $\frac{1}{2}au$ の面積を増やしたと考えることができます。線分が動いたのは，時刻 $t = 0$ のときから $t = T$ のときまでの T 秒間なので，トータルで $\frac{1}{2}auT$ の面積を増やしました。ここで $uT = l$ なので，おうぎ形の面積 S は，

$$S = \frac{1}{2}auT = \frac{1}{2}al$$

です。

「おうぎ形の面積 $= \dfrac{1}{2} \times$ 半径 $\times$ 弧長」と「三角形の面積 $=\dfrac{1}{2} \times$ 高さ $\times$ 底辺」が似ていることも納得できますね。

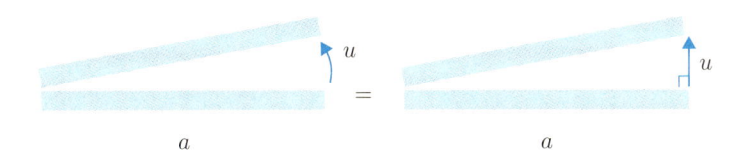

微小な時間内に限定して，1 秒当たり増える面積

ここで，線分型掃除機ロボットの補助輪が転がった距離は，弧長 l の半分の $\dfrac{l}{2}$ です。よって，上の式は，

線分がはく面積 = 線分の長さ × 中点の補助輪が転がった距離

を満たしています。

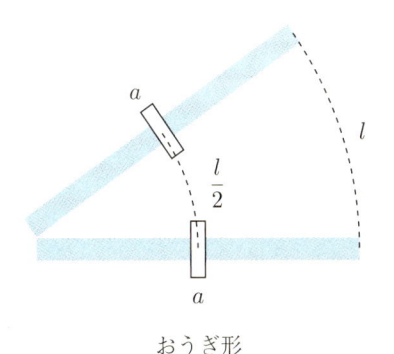

おうぎ形

これで，両端の動力輪が（線分に対して）一定の速度で動く「前進運動」,「横ずれ運動」,「回転運動」のそれぞれについて，この中点の補助輪に関する公式を満たすことがわかりました。一般の運動はそれらの合成で表されるので，この中点の補助輪に関する公式は，一般の運動のときでも満たすことがわかります。

(iv)　「**前進＋横ずれ運動**」のとき，線分型掃除機ロボットのはいた跡は平行四辺形になります。

長さ a の線分が通過して，高さ h の平行四辺形ができたとします。時刻は $t = 0$ のときから $t = T$ のときまで動いたとします。左右の動力輪は，（線分に対して）垂直方向の速度成分 v，平行方向の速度成分 w で動くものとし，v, w の大きさは一定とします。

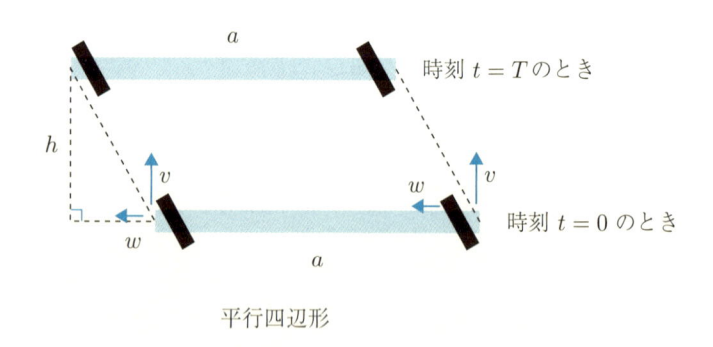

平行四辺形

次の図のように速度を分解します。するとこの線分の運動は，速度 v の前進運動と速度 w の横ずれ運動の合成と考えられます。

横ずれ運動によって面積は増えず，前進運動によって線分は 1 秒当たり av の面積を増やしたと考えることができます。線分が動いたのは，時刻 $t = 0$ のときから $t = T$ のときまでの T 秒間なので，トータルで avT の面積を増やしました。ここで $vT = h$ なので，平行四辺形の面積 S は，

$$S = avT = ah$$

です。

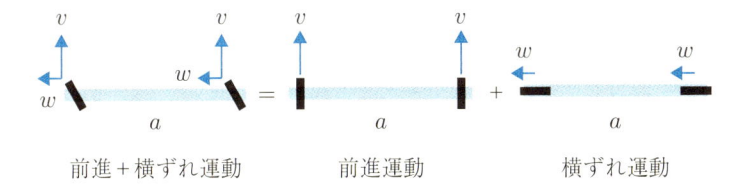

前進 + 横ずれ運動　　　　　前進運動　　　　　横ずれ運動

「平行四辺形の面積 = 底辺 × 高さ」と「長方形の面積 = 横 × 縦」が似ていることも納得できますね。

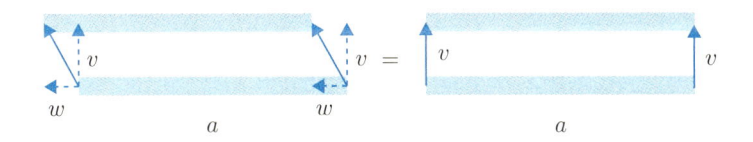

微小な時間に限定して，1 秒当たり増える面積

　ここで，線分型掃除機ロボットの補助輪が転がった距離は，高さ h ですから，

線分がはく面積＝線分の長さ×中点の補助輪が転がった距離

を用いて，

$$S = a \times h = ah$$

と求めることもできます。

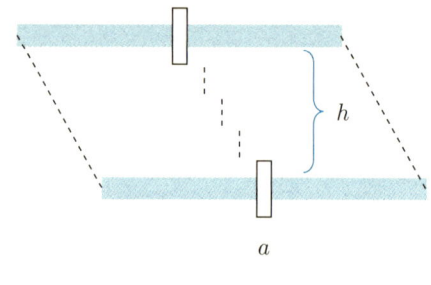

平行四辺形

（ⅴ）　「前進＋回転運動」のとき，線分型掃除機ロボットのはいた跡はパイン形になります。

　長さ a の線分が通過して，弧長 l，L のパイン形ができたとします。時刻は $t = 0$ のときから $t = T$ のときまで動いたとします。左の動力輪は，（線分に対して）垂直方向の速度成分 v，右の動力輪は，（線分に対して）垂直方向の速度成分 $v + u$ で動くものとし，v，u の大きさは一定とします。

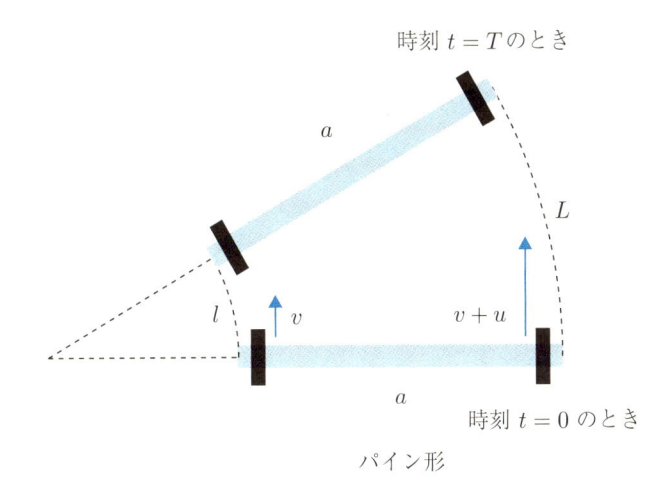

パイン形

下図のように速度を分解します。

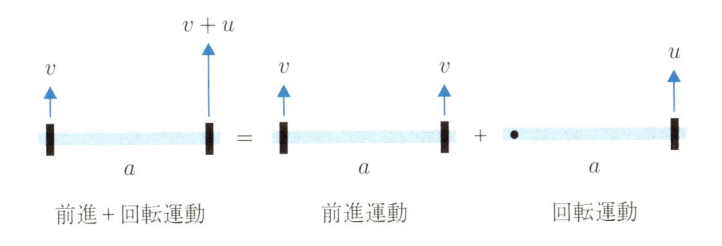

前進＋回転運動　　　　　前進運動　　　　　　回転運動

　するとこの線分の運動は，速度 v の前進運動と速度 u の回転運動の合成と考えられます。前進運動によって線分は 1 秒当たり av の面積を増やし，回転運動によって線分は 1 秒当たり $\frac{1}{2}au$ の面積を増やしたと考えることができます。線分が動いたのは，時刻 $t = 0$ のときから $t = T$ のときまでの T 秒間なので，トー

タルで $avT + \dfrac{1}{2}auT$ の面積を増やしました。ここで $vT = l$，$(v + u)T = L$ なので，パイン形の面積 S は，

$$S = avT + \frac{1}{2}auT = \frac{1}{2}avT + \frac{1}{2}a(v + u)T = \frac{1}{2}a(l + L)$$

です。

「パイン形の面積 $= \dfrac{1}{2} \times$ 線分 $\times 2$ つの弧長の和」と「台形の面積 $= \dfrac{1}{2} \times$ 高さ $\times$ (上底 $+$ 下底)」が似ていることも納得できますね。

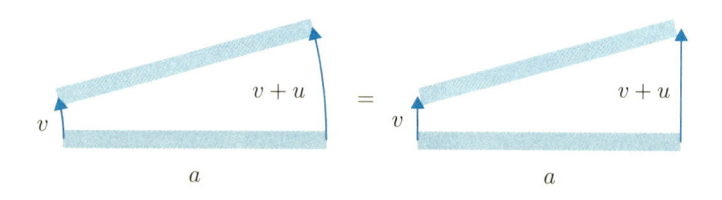

微小な時間に限定して，1秒当たり増える面積

ここで，線分型掃除機ロボットの補助輪が転がった距離は，弧長 l，L の平均 $\dfrac{l + L}{2}$ ですから，

線分がはく面積 $=$ 線分の長さ $\times$ 中点の補助輪が転がった距離

を用いて，

$$S = a \times \frac{l + L}{2} = \frac{1}{2}a(l + L)$$

と求めることもできます。

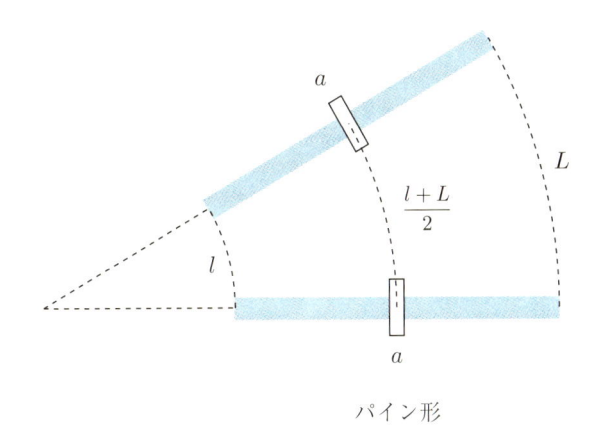

パイン形

(vi)　「**横ずれ＋回転運動**」のとき，線分型掃除機ロボットのは
いた跡はクチバシ形になります。

　長さ a の線分が通過して，弧長 l，L のクチバシ形ができたと
します。時刻は $t = 0$ のときから $t = T$ のときまで動いたとし
ます。左の動力輪は，（線分に対して）平行方向の速度成分 w，右
の動力輪は，（線分に対して）垂直方向の速度成分 u と平行方向
の速度成分 w で動くものとし，w，u の大きさは一定とします。

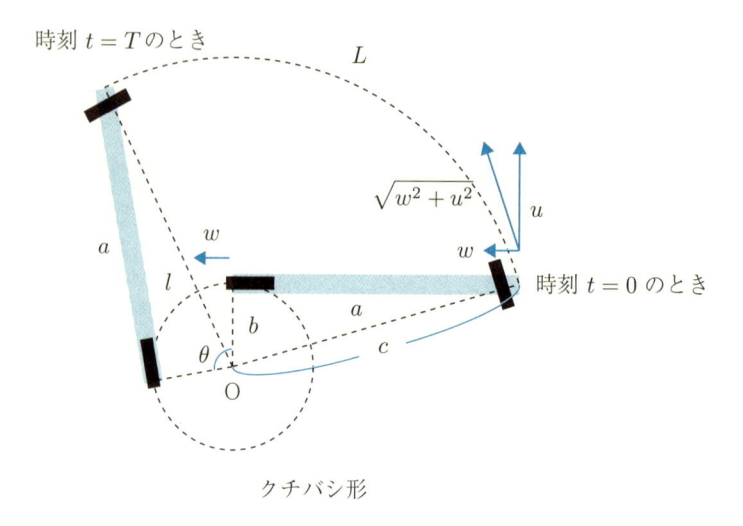

クチバシ形

　下図のように速度を分解します。するとこの線分の運動は，速度 w の横ずれ運動と速度 u の回転運動の合成と考えられます。

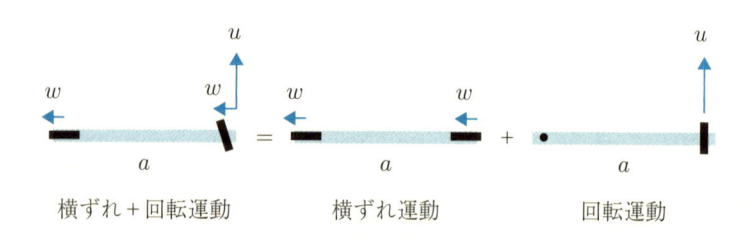

横ずれ＋回転運動　　　横ずれ運動　　　回転運動

　横ずれ運動によって面積は増えず，回転運動によって線分は1秒当たり $\frac{1}{2}au$ の面積を増やしたと考えることができます。線分が動いたのは，時刻 $t=0$ のときから $t=T$ のときまでの T 秒間なので，トータルで $\frac{1}{2}auT$ の面積を増やしました。

　ここで前ページ上の図のように，左の速度 w の矢印の始点から引いた垂線と，速度 $\sqrt{w^2 + u^2}$ の矢印の始点から引いた垂線との交点を O とすると，この線分は O を中心とする回転運動だけをすることになります。その回転角を θ，O と左の動力輪との距離を b，O と右の動力輪との距離を c とします。

　このとき，弧長は，$l = b\theta = wT$, $L = c\theta = \sqrt{w^2 + u^2}T$ です。

　よって，$l^2 = b^2\theta^2 = w^2T^2$, $L^2 = c^2\theta^2 = w^2T^2 + u^2T^2$ の辺々を引き，三平方の定理 $c^2 - b^2 = a^2$ とあわせて，

$$L^2 - l^2 = \left(c^2 - b^2\right)\theta^2 = a^2\theta^2 = u^2T^2$$

$$uT = a\theta = \sqrt{L^2 - l^2}$$

　したがって，クチバシ形の面積 S は，

$$S = \frac{1}{2}auT = \frac{1}{2}a^2\theta = \frac{1}{2}a\sqrt{L^2 - l^2}$$

です。

　次の図で見ても，クチバシ形の面積の増え方と，おうぎ形の面積の増え方は同じです。微小な時間に限定すると，a に比べて u, w は微小なので，$\frac{1}{2}\left(a + w\right)u = \frac{1}{2}au + \frac{1}{2}wu \fallingdotseq \frac{1}{2}au$ とみなすことができるからです。「クチバシ形の面積 $= \frac{1}{2} \times$ 線分$^2 \times$ 回転角」と「おうぎ形の面積 $= \frac{1}{2} \times$ 半径$^2 \times$ 中心角」が似ていることも納得できますね。

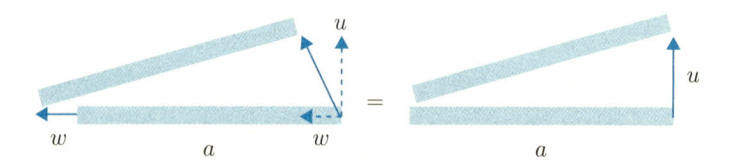

微小な時間に限定して，1秒当たり増える面積

　ここで，$\theta = 2\pi$ とすると，左の動力輪の動いた軌跡は円にな
り，線分型掃除機ロボットは円の接線となります。さらに，左の
動力輪の軌跡を一般の凸図形に変えてみます。このとき，左の動
力輪は，（線分に対して）平行方向の速度成分 $w(t)$，右の動力輪
は，（線分に対して）垂直方向の速度成分 $u(t)$ と平行方向の速度
成分 $w(t)$ で動くものとします。$w(t)$，$u(t)$ は時刻 t の関数を
表します。

　例えるなら，凸図形の周囲にカーテンレールを敷き，左の動力
輪（車軸は線分と垂直な状態）がひっかかりながら一周するよう
なものです。右の動力輪はそれにつられて動くだけです。このと
き，凸図形の長さ a の接線でできる領域の面積 S も先ほどのク
チバシ形と同様に考えることができて，

$$S = \frac{1}{2}a^2\theta = \frac{1}{2}a^2 \cdot 2\pi = \pi a^2$$

となります。これは凸図形の大きさや形に無関係で常に一定であ
ることを意味します。不思議ですね。

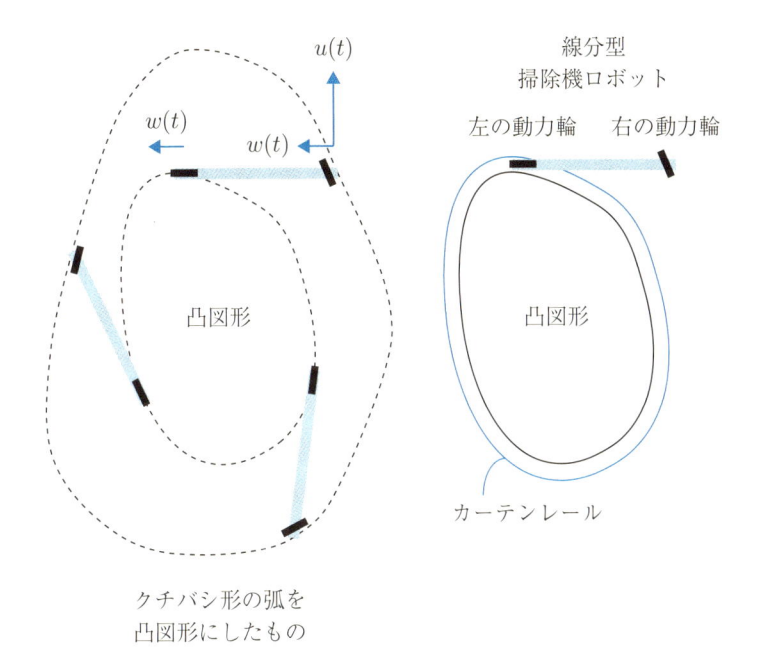

クチバシ形の弧を
凸図形にしたもの

　線分が通過してできる面積の考え方を応用して，閉曲線で囲まれた面積を測る**プラニメーター**（面積計）という道具を紹介します。図のように，ポーラー・プラニメーターとリニア・プラニメーターの2種類があります。

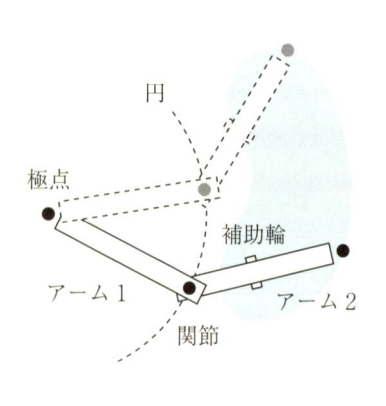

ポーラー・プラニメーター

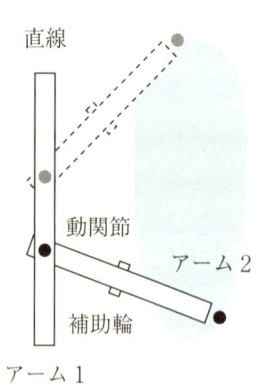

リニア・プラニメーター

　ポーラー・プラニメーターでは，アーム1とアーム2が関節によってつながっています。アーム1の左端をある点（極点という）に固定し，アーム2の右端を閉曲線の左周りに一周させます。関節はアーム1の長さを半径とする円周の一部を動きます。一周させる前と後では，アーム2の位置は同じになります。アーム2

の中点には補助輪がついていて，車軸はアーム 2 と同じ向きに固定されています。アーム 2 が動きまわるとき，補助輪は転がったり，紙の上を横すべりしたりしますが，転がった距離だけをカウントできるように設計されています。また，転がるときには前進と後退がありますが，それらは差し引きされます。このとき，

閉曲線で囲まれた面積 ＝ 線分の長さ × 補助輪が転がった距離

から面積を測ることができるのです。

　リニア・プラニメーターでは，アーム 1（カーテンレールのようなもの）とアーム 2 が動関節によってつながっています。アーム 1 全体をある位置に固定し，アーム 2 の右端を閉曲線の左周りに一周させます。動関節はアーム 1 上，つまり直線の一部を動きます。ポーラー・プラニメーターと同じですが，一周させる前と後では，アーム 2 の位置は同じになります。アーム 2 の中点には補助輪がついていて，車軸はアーム 2 と同じ向きに固定されています。アーム 2 が動きまわるとき，補助輪は転がったり，紙の上を横すべりしたりしますが，転がった距離だけをカウントできるように設計されています。また，転がるときには前進と後退がありますが，それらは差し引きされます。このとき，

閉曲線で囲まれた面積 ＝ 線分の長さ × 補助輪が転がった距離

から面積を測ることができるのです。

この面積の式を示すために，まずは次の左図のような状況を考えます。下左図で，下に位置するアーム 2（線分）が「前進・横ずれ・左回転」の合成運動で上に位置したとします。このとき，線分がはく面積は，$S_2 + S_3$ です。その後，上に位置する線分が「後退・横ずれ・右回転」の合成運動で下に位置したとします。このとき，線分がはきもどす面積は，$S_1 + S_2$ です。補助輪が後退するときに転がった距離はマイナスとして考えるので，そのときの面積もマイナスと考えると，「線分の長さ × 補助輪が転がった距離」で測る面積のトータルは，$S_2 + S_3 - (S_1 + S_2) = S_3 - S_1$ となります。

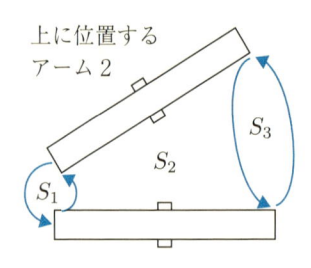

下に位置するアーム 2

はく……………… $S_2 + S_3$
はきもどす…… $S_1 + S_2$
トータル……… $S_3 - S_1$

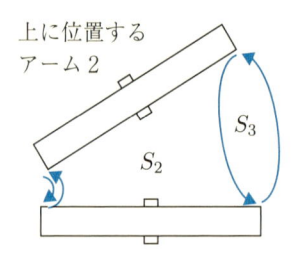

下に位置するアーム 2

はく……… $S_2(n\ 回) + S_3(m+1\ 回)$
はきもどす…$S_2(n\ 回) + S_3(m\ 回)$
トータル…… S_3

　実際のプラニメーターでは右図のように，S_1 の部分はつぶれて 0 になります。ポーラー・プラニメーターでは，S_1 の部分は円周の一部になり面積 0 です。リニア・プラニメーターでは，S_1

の部分は直線の一部になり面積 0 です。また，以上では S_2 内の任意の点において，線分がはく・はきもどすは 1 回ずつという特別な状況で考えましたが，実際のプラニメーターのアーム 2 を動かすときには，はく・はきもどすは複数回ずつになることもあります。ただし，一周させる前と後では，2 つのアームの位置は同じになることから，S_2 内の任意の点において，はく・はきもどすのそれぞれの回数は同じになります。S_2 内の点によっては，はかれる回数が 2 回，はきもどされる回数が 2 回のこともあれば，はかれる回数が 3 回，はきもどされる回数が 3 回のこともあるかもしれません。それでも結果的にはペアごとに相殺され，S_2 の部分の面積は 0 として測ることになります。S_3 内の任意の点においては，はく回数は，はきもどす回数より 1 回だけ多くなります。S_3 内の点によっては，はかれる回数が 2 回，はきもどされる回数が 1 回のこともあれば，はかれる回数が 3 回，はきもどされる回数が 2 回のこともあるかもしれません。いずれにせよ，結果的には，S_3 の部分の面積は S_3 として測ることになります。よって，「線分の長さ × 補助輪が転がった距離」で測る面積のトータルは，S_3 となります。

　2.1 節で見たように，線分の一般の運動は次の図のように「前進運動」，「横ずれ運動」，「（左端を中心とする）回転運動」に分解できます。「前進運動」と「横ずれ運動」は，線分の地面に対する位置を変化させます。前進・横ずれは，線分に対しての方向であって，地面に対しての方向ではないことに注意してください。「（左端を中心とする）回転運動」は，線分の地面に対する姿勢を

変化させます。2つのプラニメーターのアーム2の右端を閉曲線の左周りに一周させる前と後では，アーム2の位置は同じになり，姿勢はもとにもどります。つまり，図の $u(t)$ をトータルすると0になるということです。

　線分の中点は，線分の両端の速度の平均として，線分と平行な速度成分 $w(t)$，線分と垂直な速度成分 $v(t) + \dfrac{1}{2}u(t)$ をもちます。補助輪が転がった距離は $v(t) + \dfrac{1}{2}u(t)$ のトータルになりますが，そのうち，$\dfrac{1}{2}u(t)$ のトータルは0になります。よって，例えば補助輪をアーム2の中点ではなく右端に設置して（ただし車軸はアーム2と同じ向き），補助輪が転がった距離を $v(t) + u(t)$ のトータルとして測ったとしても同じになります。同様に，補助輪をアーム2の任意の位置に設置して（ただし車軸はアーム2と同じ向き），補助輪が転がった距離を線分と垂直な速度成分のトータルとして測ったとしても同じになります。

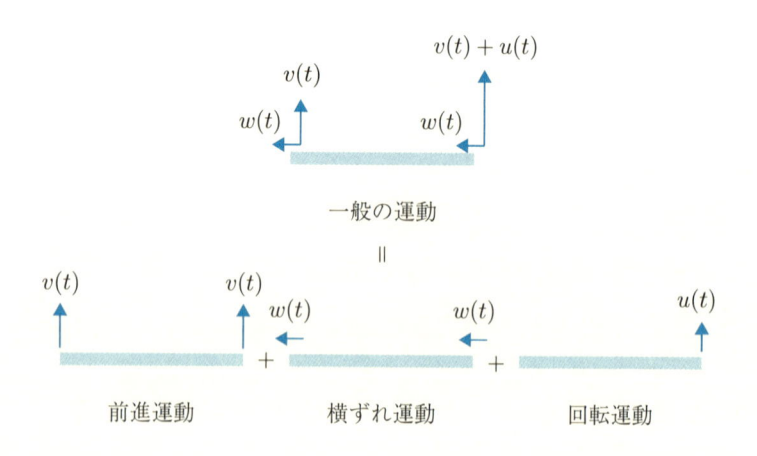

第 **3** 章

静力学で
最大面積を求める

3.1　位置平均

　第2章では線分の「運動」で面積を求めました。物理学で運動の原因になるのは「力」です。物理学には，力がつりあって物体が静止している状態を扱う「静力学」と，力が働くことで物体の運動が変化する「動力学」があります。第3章では「静力学」を用いて，ある条件のもとでの最大面積を求めてみます。

　本節と次節で，物理的な準備を進めます。

　三角形 ABC の重心 G とは，3つの中線の交点のことであると高校の教科書に書いてあります。そこには「重さ」の意味合いは感じられません。本来，重心という用語は物理学で使われます。「重さの中心」とでもいうべき点はどういう点なのでしょうか？　その答えは次節で紹介しますが，その準備として，本節ではまず「位置平均」（本書の造語）とでもいうべき点を考えていきます。

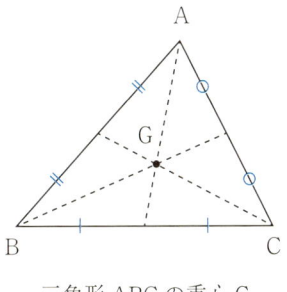

三角形 ABC の重心 G

　下図のように，平面上で曲線で囲まれた領域に，例えば 10^{10} 個の点が一様に（偏りなく）分布しているとします。10^{10} 個の点の x 座標の平均はどう考えられるでしょうか？　x 座標を 1 個 1 個調べて数えることは現実的にはできません。そこで，まずは近似的に求め，それを精密にしていくことを次の 4 ステップに分けて考えてみます。

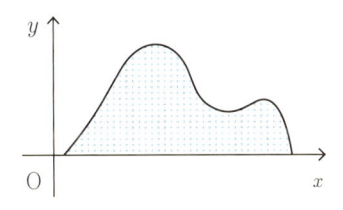

（i）　いったん，領域内の数えることが困難な 10^{10} 個の点の集まりを，格子状の数えられる点の集まりとみなします。すると，x 座標を 1 個 1 個調べることができます。次の図のように，点の x 座標が x_1 であるものは m_1 個，x_2 であるも

のは m_2 個，……とします。このとき，点の個数の合計は，$\sum_{k=1}^{n} m_k(= m_1 + m_2 + \cdots + m_n)$ 個です。ここで，$\sum_{k=1}^{n} m_k$ という記号は，m_k の文字 k を，$k = 1, 2, \cdots, n$ と変化させたものの和を表しています。これらの点の x 座標の合計は，$\sum_{k=1}^{n} m_k x_k (= m_1 x_1 + m_2 x_2 + \cdots + m_n x_n)$ です。よって，x 座標の平均は，

$$\frac{1}{\sum_{k=1}^{n} m_k} \sum_{k=1}^{n} m_k x_k \left(= \frac{m_1 x_1 + m_2 x_2 + \cdots + m_n x_n}{m_1 + m_2 + \cdots + m_n} \right)$$

と表されます。これは，x 座標が x_1 であるものは，全体の中で $\dfrac{m_1}{m_1 + m_2 + \cdots + m_n}$ という割合だけあり，x 座標が x_2 であるものは，全体の中で $\dfrac{m_2}{m_1 + m_2 + \cdots + m_n}$ という割合だけあり，……と考えられます。

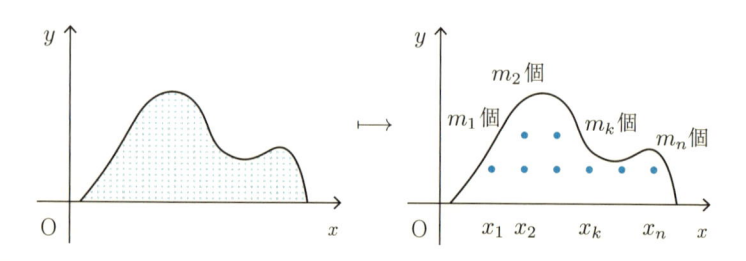

（ii）（ i ）の式をより精密にするために，格子の間隔を小さくしていきます。改めて，点の x 座標が x_1 であるものは m_1 個，x_2 であるものは m_2 個，……と数えたいのですが，個数が多くなると数えることが困難です。必要なのは個数自体ではなく割合なの

で，図のように個数をグラフの高さで代用することにします。点の x 座標が x_1 であるものの高さは α_1，x_2 であるものの高さは α_2，……とするのです。すると，x 座標の平均は，

$$\frac{1}{\sum_{k=1}^{n} \alpha_k} \sum_{k=1}^{n} \alpha_k x_k \left(= \frac{\alpha_1 x_1 + \alpha_2 x_2 + \cdots + \alpha_n x_n}{\alpha_1 + \alpha_2 + \cdots + \alpha_n} \right)$$

と表されます。個数の m_1，m_2，……は整数でしたが，高さの α_1，α_2，……は実数です。x 座標が x_1 であるものは，全体の中で $\dfrac{\alpha_1}{\alpha_1 + \alpha_2 + \cdots + \alpha_n}$ という割合だけあり，……というように，割合を高さの比で考えたことになります。領域内の数えることが困難な点の集まりを，測りやすい線分の集まりとみなしたことになります。

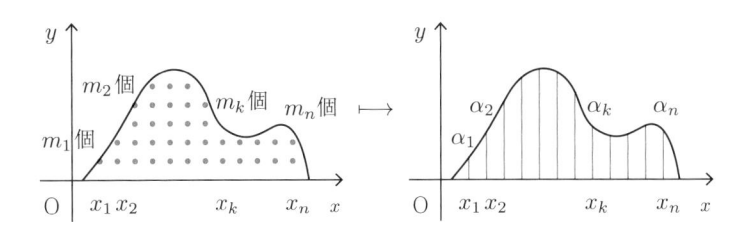

(iii)　しかし，(ii) で考えた，点の x 座標が x_1 であるものの高さは α_1，x_2 であるものの高さは α_2，……と測るのも，個数が多くなると測ることが困難です。ここで，図の領域の上側の曲線は，x 座標が少し変化したとき，y 座標も少ししか変化しないことに注目します。このような性質を連続といいます。一般にもこのような場合を扱うことがほとんどです。そこで，高さを表す

たくさんの線分をいくつかの組に分け，その組の中の線分を左端の線分と同じ高さで代用してしまいます。改めて，点の x 座標が x_1 で高さ α_1 であるものが何本分，x_2 で高さ α_2 であるものが何本分，……と数えたいのですが，線分の本数が多くなるとそれを数えることも困難です。必要なのは本数自体ではなく割合なので，次の図のように同じ高さの線分の本数を，x 座標の差で代用することにします。点の x 座標が x_1 で高さ α_1 であるものが何本分ということを，点の x 座標が x_1 で高さ α_1 であるものが $(x_2 - x_1)$ 分，……とするのです。つまり，点の x 座標が x_1 であるものの面積が $\alpha_1(x_2 - x_1)$，……とするのです。すると，x 座標の平均は，

$$
\frac{1}{\sum_{k=1}^{n-1} \alpha_k(x_{k+1} - x_k)} \sum_{k=1}^{n-1} \alpha_k(x_{k+1} - x_k)x_k
$$

$$
\left(= \frac{\alpha_1(x_2 - x_1)x_1 + \alpha_2(x_3 - x_2)x_2 + \cdots + \alpha_{n-1}(x_n - x_{n-1})x_{n-1}}{\alpha_1(x_2 - x_1) + \alpha_2(x_3 - x_2) + \cdots + \alpha_{n-1}(x_n - x_{n-1})} \right)
$$

と表されます。なお，分母の $\displaystyle\sum_{k=1}^{n-1} \alpha_k(x_{k+1} - x_k)$ は長方形全部の面積を表します。x 座標が x_1 であるものは，全体の中で $\dfrac{\alpha_1(x_2 - x_1)}{\alpha_1(x_2 - x_1) + \alpha_2(x_3 - x_2) + \cdots + \alpha_{n-1}(x_n - x_{n-1})}$ という割合だけあり，……というように，割合を面積の比で考えたことになります。領域内の測ることが困難な線分の集まりを，測りやすい長方形の集まりとみなしたことになります。

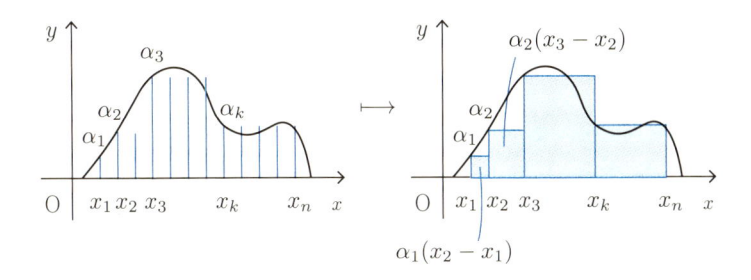

(iv)　(iii) の式をより精密にするために，長方形の横幅を小さくし，個数を増やしていきます。しかし，個数が多くなると長方形の高さ α_1, α_2, ……を調べることが困難です。ただ，図の領域の上側の曲線は，具体的な関数で近似できそうです。一般にもこのように曲線が具体的な関数で表されたり近似できたりするような場合を扱うことがほとんどです。そこで図の領域の上側の曲線を具体的な関数 $y = f(x)$ とします。図の長方形の横幅を小さくし，個数を増やすことを極限まで繰り返すと，(iii) の式はある値に限りなく近づくことが知られています。その値を式で表すのに，(iii) の式の文字を，記号的に次のように書き換えます。

$$x_k \to x, \quad x_{k+1} - x_k \to dx, \quad \alpha_k \to f(x), \quad \sum_{k=1}^{n-1} \to \int_a^b$$

すると，x 座標の平均は，

$$\frac{1}{\int_a^b f(x)dx} \int_a^b xf(x)dx$$

と表されます。記号として書いただけで，いまのところ計算できるようなものではありませんが，このような記号を積分といい，

第6章ではその計算方法を扱います。極限にまで精密にしていったことで計算が複雑になるように思えますが，実際は逆で，比較的簡単に計算できることが多いのです。なお，分母の $\int_a^b f(x)dx$ は領域全部の面積を表します。いま，dx は微小だとして，x 座標が x であるものは，全体の中で $\dfrac{f(x)dx}{\int_a^b f(x)dx}$ という割合だけあり，……というように，割合を微小面積の比で考えたことになります。微小面積の比で考えることで，（ i ）でいったんは点が格子状に並んでいるとしたことを，別の並べ方に変えたとしても，極限での x 座標の平均は同じになりそうだと直感的にわかります。

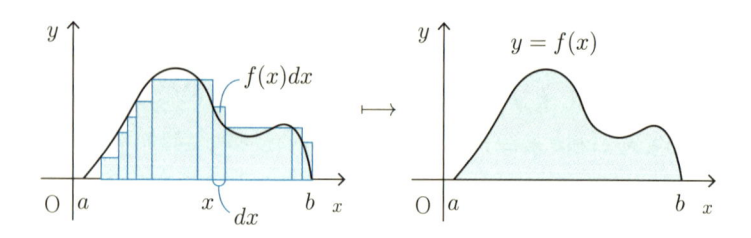

最初に，例えば 10^{10} 個の点が一様に（偏りなく）分布しているとしましたが，極限にまで精密にするということは，理想的に無限個の点で考えることになります。このような極限の状況では，平面上の領域内にある点の個数は無限にあります（もう個数という呼び方をするとおかしいのですが，あえて個数と呼ぶことにします）。このとき，平面上の領域内にある無限個の点の x 座標の平均を x_G とすると，$x_G = \dfrac{1}{\int_a^b f(x)dx} \int_a^b xf(x)dx$ ということができます。同様に平面上の領域内にある無限個の点の y 座標

の平均を y_G とすれば，平面上の領域内にある無限個の点の座標の平均は (x_G, y_G) ということができます。この座標で表される点の位置を，**位置平均**（本書の造語）ということにします。

　具体例として，図のような三角形 ABC 内に無限個の点が一様に分布しているとみなしたとき，この三角形 ABC（内にある無限個の点）の位置平均 $G(x_G, y_G)$ を考えてみます。三角形 ABC 内で x 座標が x であるような線分の長さは $f(x)$ であるとします。すると先ほどと同じ状況になっているので，$x_G = \dfrac{1}{\int_a^b f(x)dx} \int_a^b x f(x)dx$ となります。

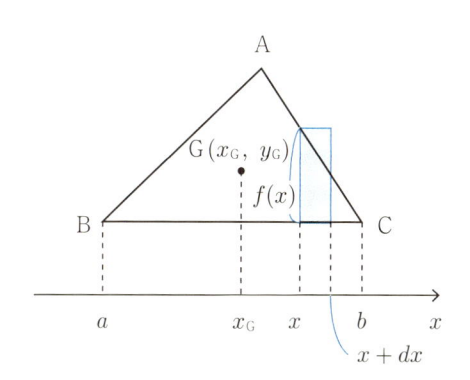

三角形 ABC の位置平均 $G(x_G, y_G)$

　三角形 ABC を平行移動や回転移動させると，座標 (x_G, y_G) も変わりますが，三角形 ABC から見た相対的な位置 G としては変わらないことが直感的にわかります。そこで，三角形 ABC の位

置平均 G を求めるのに工夫をしてみます。三角形 ABC を移動して，A，B，C から x 軸に下ろした垂線の足の座標が，それぞれ 0，$-d$，d となるようにします。すると新たな座標 $G(x_G, y_G)$ において，$x_G = 0$ となることがわかります。なぜなら，三角形 ABC 内で x 座標が x であるような線分の長さを $f(x)$ とすると，$f(-x) = f(x)$ となるので，x 座標が x であるものは，全体の中で $\dfrac{f(x)dx}{\int_a^b f(x)dx}$ という割合だけあり，x 座標が $-x$ であるものは，全体の中で $\dfrac{f(-x)dx}{\int_a^b f(x)dx} = \dfrac{f(x)dx}{\int_a^b f(x)dx}$ という割合だけあり，符号が逆の x 座標の割合は常に同じだからです。したがって，三角形 ABC の位置平均 G は，図での中線 AO 上にあることになります。

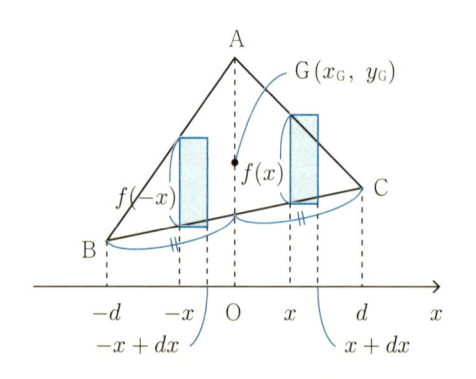

三角形 ABC の位置平均 $G(x_G, y_G)$ は中線 AO 上

中線は 3 本引けるので，**三角形 ABC の位置平均 G は，3 つの中線の交点**であることがわかります。あとは高校で習うように，

3 つの中線の交点の座標は，3 頂点 A，B，C の 3 つの座標の平均と一致することが幾何学的に示されます。

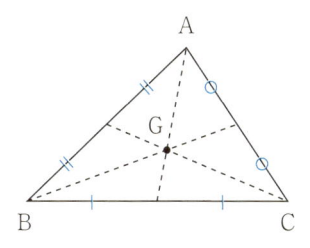

三角形 ABC の位置平均 G (x_G, y_G) は 3 つの中線の交点

　ちなみに，四角形 ABCD の位置平均 G(x_G, y_G) はどこにあるでしょうか？　G(x_G, y_G) は 4 頂点 A，B，C，D の 4 つの座標の平均ではありません。次の図のように，三角形 BCD の位置平均を，点 A を除いてできる三角形という意味を込めて G$_A(x_{G_A}, y_{G_A})$ などと書くことにすると，

$$(x_G, y_G)$$
$$= \left(\frac{(\triangle ABD)x_{G_C} + (\triangle BCD)x_{G_A}}{\triangle BCD + \triangle ABD}, \frac{(\triangle ABD)y_{G_C} + (\triangle BCD)y_{G_A}}{\triangle BCD + \triangle ABD} \right)$$

となります。四角形 ABCD 内にある無限個の点（四角形 ABCD の面積分）の x 座標のトータル $(\triangle BCD + \triangle ABD)x_G$ は，三角形 BCD 内にある無限個の点（$\triangle BCD$ の面積分）の x 座標のトータル $(\triangle BCD)x_{G_A}$ と，三角形 ABD 内にある無限個の点（$\triangle ABD$ の面積分）の x 座標のトータル $(\triangle ABD)x_{G_C}$ との和になると考

えられるからです。

　G は直線 $G_A G_C$ 上にあるのですが，同様に直線 $G_B G_D$ 上にもあり，G はその交点にあることになります。

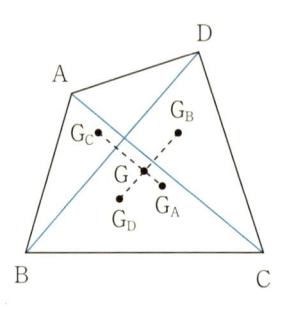

四角形 ABCD の位置平均 $G(x_G, y_G)$ は，
直線 $G_A G_C$ と直線 $G_B G_D$ の交点

3.2　静力学

　前節では，平面の領域内にある無限個の点の位置平均を考えました。具体的に三角形内や四角形内にある無限個の点の位置平均を求めました。質量分布が一様な木の板で三角形や四角形を作って，位置平均の 1 点を下から指で支えると，バランスを保って静止させることができます。本節では静止するとはどういうことかの説明をしていきます。

（ⅰ）　まず，力を説明します。ニュートンの運動方程式 $F = ma$（F は力，m は質量，a は加速度）という式があります。それによると，質量 1 の物体の位置が加速度 a で変化しようとするとき，a という力が働いていると考えます。力という目に見えない正体不明なものを測ろうとするとき，質量 1 の物体を基準にして，その加速度という目に見えるもので測ろうというのです。加速度 a はそのままで，物体の質量が m であれば，質量 1 の場合の m 倍になった力が働いていると解釈できます。

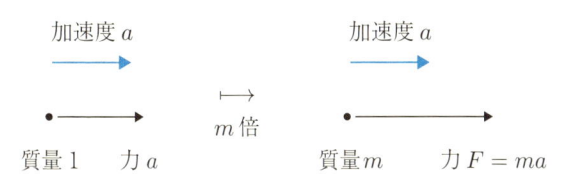

質量 m の物体が小さい場合，点とみなし，質点といいます。

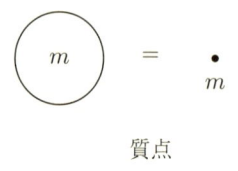

質点

質点にまったく力が働いていないと，静止または等速直線運動をします。**静力学**では，最初から静止している状態を主に扱います。静止させた質点にまったく力が働いていないと静止し続けます。静止させた質点に力が働くと，質点の位置は変化していきます。

質点に2つの力が同時に加わると，その合力は，平行四辺形の対角線で表されます。合力が0になると，まったく力が働いていないときと同じ状態になります。

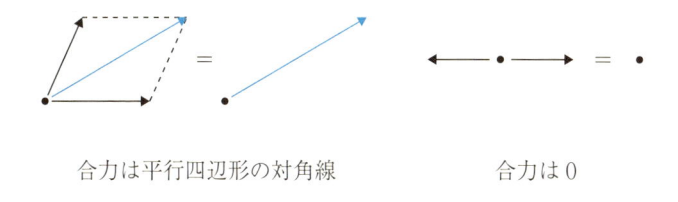

合力は平行四辺形の対角線　　　　　合力は 0

（ⅱ）　次に質量 m の物体が大きい場合を考えます。物体が変形しないとき，剛体といいます。たくさんの質点の集まりで，互いの距離を変えないものとみなせます。

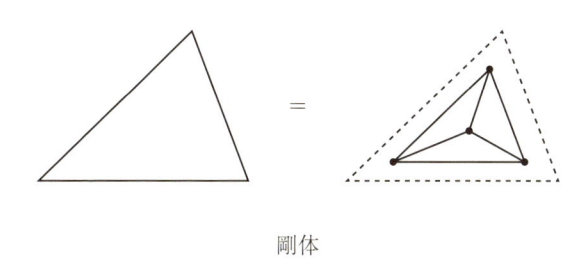

剛体

　剛体にまったく力が働いていないと，静止または等速直線運動，等速回転運動（自転）をします。**静力学**では，最初から静止している状態を主に扱います。静止させた剛体にまったく力が働いていないと静止し続けます。静止させた剛体に力が働くと，剛体の位置や姿勢は変化していきます。位置の変化を並進，姿勢の変化を回転といいます。回転の中心はどこにとってもかまいません。

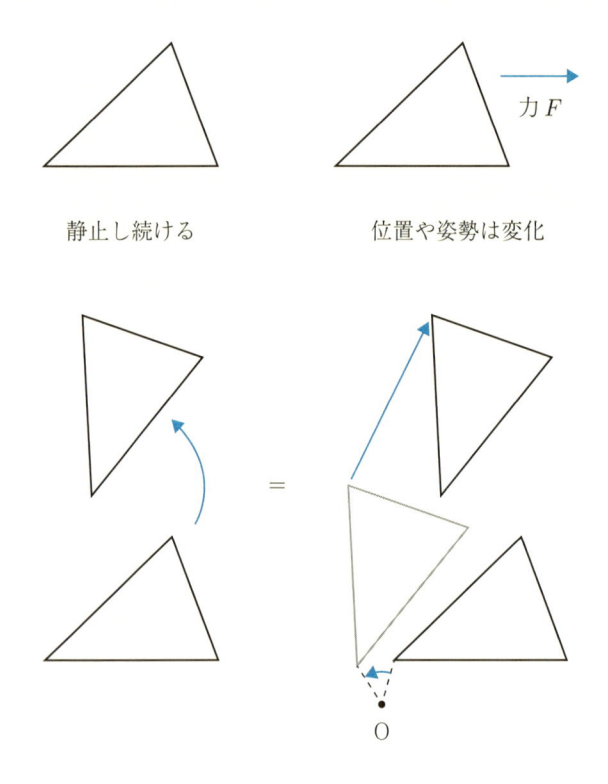

静止し続ける　　　　　　　位置や姿勢は変化

O を中心とした回転と並進

　剛体に 2 つの力が同時に加わるとき，その合力が求められるときと求められないときがあります。以降では 4 つの場合に分けて説明します。

　剛体に働く力の位置を作用点といいます。作用点を通り，働く力の方向の直線を作用線といいます。剛体に働く力の作用点は，作用線上をずらすことができます。力をずらしても，剛体の位置

や姿勢への影響は変わらないからです。

　剛体に 2 つの力が同時に加わるとき，2 つの作用線が交われば，図のように作用線上をずらし，平行四辺形の対角線で合力を求めることができます。図ではいったん剛体の外に力をずらしていますが，合力を求めた後，剛体内にずらしています。

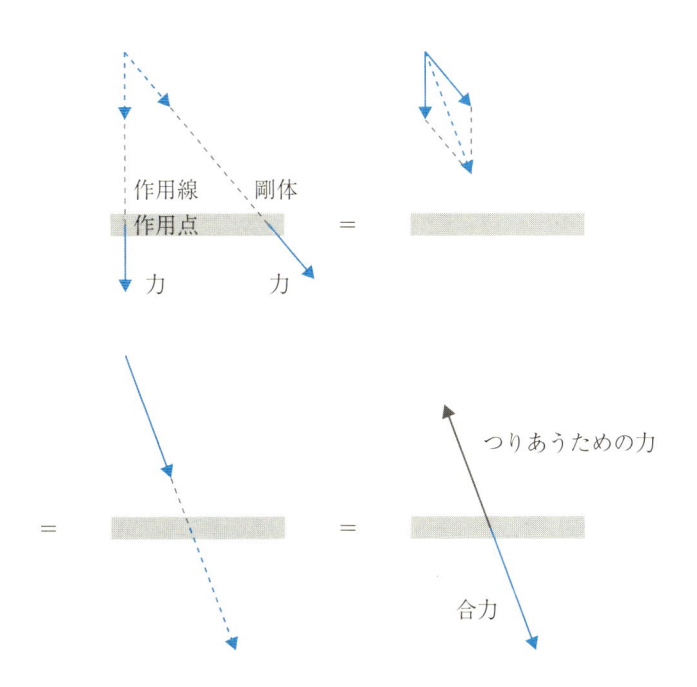

　もとの 2 つの力に加えて合力の向きだけを逆にした力を考えれば，その 3 つの力の合力は 0 になるので，剛体にまったく力が働いていないことになり，つりあいます。

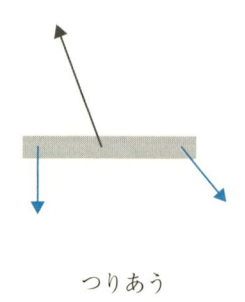

つりあう

　剛体に2つの力が同時に加わるとき，2つの作用線が交わらなければ困ってしまいます。しかし，作用線どうしが平行な場合は，力が逆向きでその大きさが等しいのでなければ，うまい方法があります。合力が0になるような逆向きの2つの力を新しく加えるのです。すると，もとの力のそれぞれとの合力を2つ作ると，2つの作用線が交わることになります。したがって，合力を求められます。

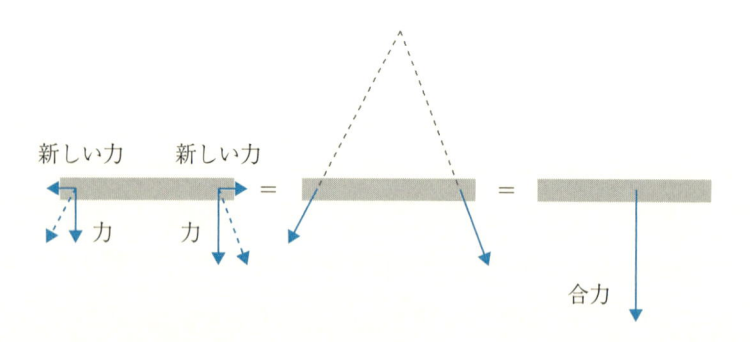

　剛体に2つの力が同時に加わるとき，2つの作用線どうしが平

行であり，力が逆向きでその大きさが等しければ，この方法では
うまくいきません。このとき，合力は求められません。2つの力
を1つの力にすることができないのです。このような2つの力の
組を偶力といいます。2つの力が偶力の場合，剛体は，位置はそ
のままで姿勢だけを変化させようとします。この場合，別の第3
の力を働かせて剛体をつりあわせることができません。

　剛体に2つの力が同時に加わるとき，2つの作用線が交わらな
く，作用線どうしが平行でもない場合（2つの作用線がねじれの
位置にある場合）も，合力は求められません。この場合も，別の
第3の力を働かせて剛体をつりあわせることができません。

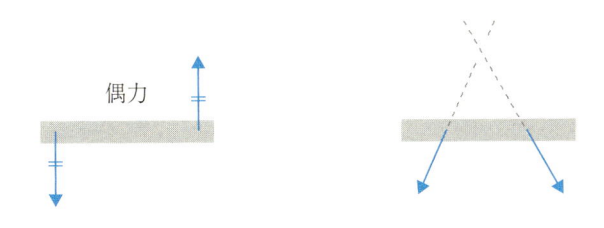

偶力

合力を求めることはできない

(iii)　いままでは剛体に2つの力が同時に加わるときでした。の
ちほど，棒や三角形板などの剛体にたくさんの平行な力が同時に
加わるときを扱います。平行な力には，重力や圧力があります。

　まずは重力を考えます。剛体は，たくさんの質点の集まりで，
互いの距離を変えないものとみなせました。いま，例えば質点が
2つのときを考えてみます。次の図のように水平に x 軸を設定

し，座標 x_m に質量 m の質点，座標 x_M に質量 M の質点があるとします。地上では，質量 m の質点には力 mg（g は重力加速度といいます），質量 M の質点には力 Mg が下向きに働くことが知られています。これらの 2 つの力の合力を作図で求める方法は先ほど説明しましたが，ここでは計算で求めてみます。

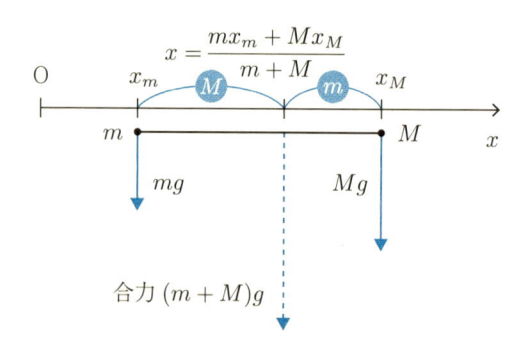

2 つの力は同じ向きなので，合力の大きさは $mg + Mg = (m + M)g$ となります。合力の作用点がわからないので，その座標を x とします。原点 O を基準にして，剛体は力 mg と Mg によって右回転しようとします。O を中心として回転しようとする大きさは，てこの原理により，力の大きさと原点 O からの距離に比例します。このとき回転しようとする大きさを「距離 × 力」と決めます。これをモーメント（トルク）といいます。剛体には，作用点 x_m での力 mg によるモーメント $x_m \cdot mg$，作用点 x_M での力 Mg によるモーメント $x_M \cdot Mg$ が働きます。その合計が，作用点 x での力 $(m + M)g$ によるモーメント $x \cdot (m + M)g$ に

なるとすると，

$$x_m \cdot mg + x_M \cdot Mg = x \cdot (m + M)g \quad \text{より}$$

$$x = \frac{mx_m + Mx_M}{m + M}$$

となります。したがって，合力の大きさは $(m + M)g$，作用点は 2 質点の位置を $M : m$ の比に内分する点になります。作用点は作用線上をずらしてもよいです。いまは剛体を水平に置いたのですが，姿勢を違えると，合力の大きさは $(m + M)g$，作用点は 2 質点の位置を $M : m$ の比に内分する点で，また，作用点は作用線上をずらしてもよいことになります。そこで，重力による合力の作用点を，2 質点の位置を $M : m$ の比に内分する点と常に決めておけば，姿勢を違えても変わらないので便利です。このように決めた点を正確には**質量中心**というのですが，本書では習慣に従って**重心**ということにします。本来は，質量中心と重心は違うものです。

　合力の向きだけを逆にして，もとの 2 つの力とあわせると，その 3 つの力の合力は 0 になるので，剛体にまったく力が働いていないことになり，つりあいます。剛体に働く 3 つの平行な力の合力が 0 になるというのは，力の大きさ（向きが逆のときは負とする）の和が 0 になり，任意の点を基準にしたときのモーメントの和が 0 になることと同じです。

$\dfrac{mx_m + Mx_M}{m + M}$ は，x 座標 x_m の点が m [kg] 分重なってあり，x 座標 x_M の点が M [kg] 分重なってあるとしたときの x 座標の平均と考えても同じです。一般に，**重心とは，質点の位置**

に質量の分の重なり度（重み）が付いたとみなしたときの位置の加重平均になります。

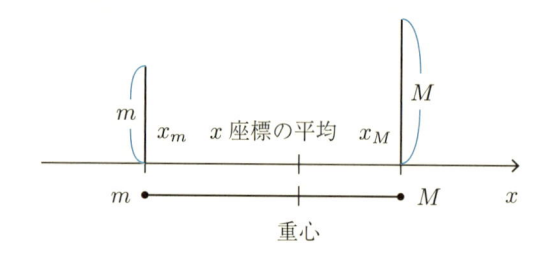

位置 x_m の点が $m\,[\mathrm{kg}]$ 分，位置 x_M の点が $M\,[\mathrm{kg}]$ 分

　もし，**それぞれの質点の質量が同じであれば，重心は，質点の位置の単なる平均（位置平均）**になります。質量分布が一様な棒の重心は中点，質量分布が一様な三角形板の重心は 3 つの中線の交点です。重力が働くとき，質量分布が一様な棒や，質量分布が一様な三角形板をつりあわせようとすると，重心を支えればよいことになります。

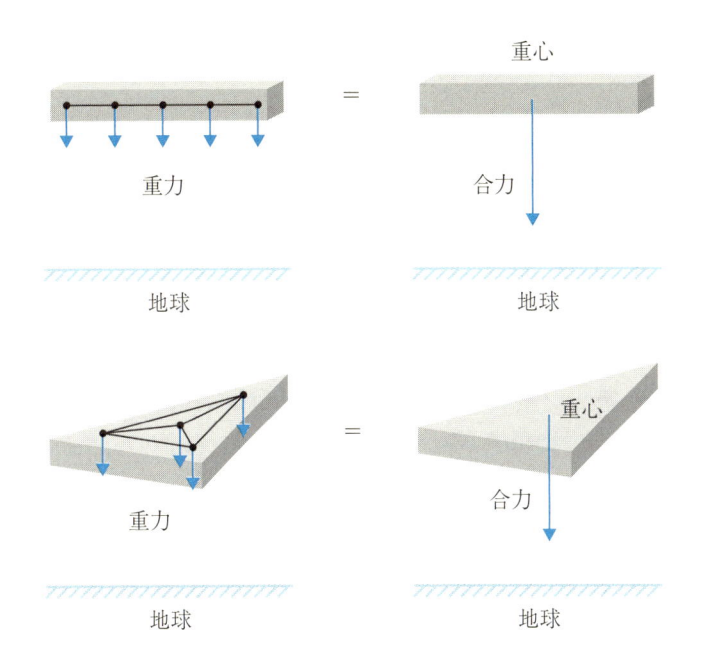

(iv)　次に圧力を考えます。重力や空気がない宇宙空間で，三角柱の容器に空気が入っていて，上から三角形板のふたをしてみます。容器内部の空気は三角形板の下面に垂直に均等な力を働かせます。このとき $1\mathrm{m}^2$ という単位面積当たりに働く力を圧力といいます。いまは重力がない宇宙空間で考えているので，三角形板の質量分布が偏っていてもかまいません。圧力を p とし，三角形板の面積を S とすると，圧力の合力は pS となります。また先ほどと同様に圧力の合力の作用点は，三角形板の位置平均である 3 つの中線の交点になります。圧力が働くとき，三角形板をつりあわせるには位置平均を押さえればよいことになります。

三角形板の質量分布が偏っていても，圧力の合力の作用点は常に 3 つの中線の交点ですが，三角形板の質量分布が偏っているときの重力の合力の作用点は，3 つの中線の交点とは限らないことに注意してください。**三角形板に働く重力の合力の作用点は重心，圧力の合力の作用点は位置平均**で考えます。

　本書で棒や三角形板に働く圧力の合力の作用点を扱うとき，位置平均という言葉を使いたいのですが，習慣により，重心という言葉を使っていきます。**棒や三角形板の質量分布が一様な場合の重心は，位置平均と一致**します。

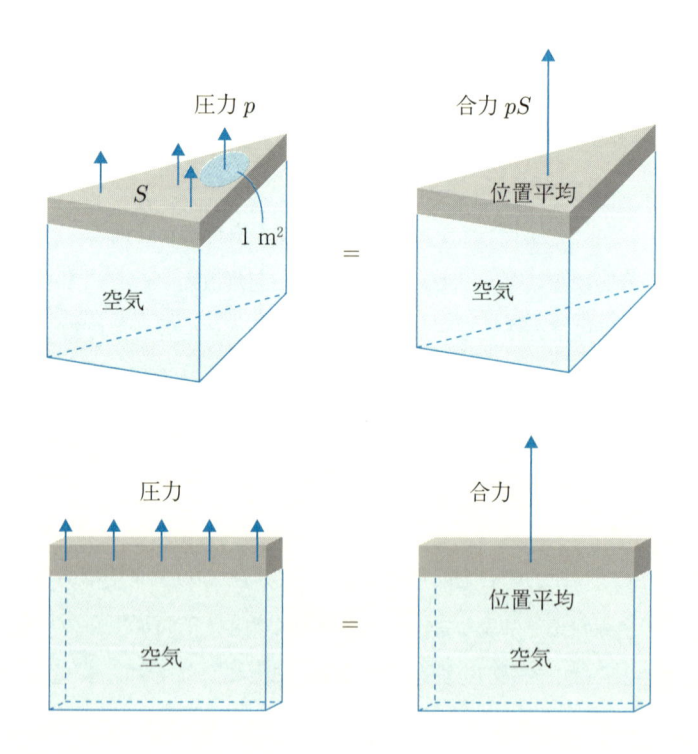

3.3　静力学で最大面積を求める

　3.1 節，3.2 節の物理的な準備をもとに，ある条件のもとで最大面積をとる状態を調べてみます。

（ⅰ）　ある曲がり角に土地があります。また，長さが a，b，c の 3 本の棒があります。この 3 本の棒によって土地を囲むとき，できるだけ広い土地を囲むにはどうしたらよいでしょうか？

　このような問題は等周問題と呼ばれています。曲がり角を別の形にしたり，3 本の棒を 1 本のひもにしたり，2 次元ではなく 3 次元で考えたり，さまざまなバリエーションがあります。今回の問題設定では，静力学を使った面白い解釈があるので紹介します。

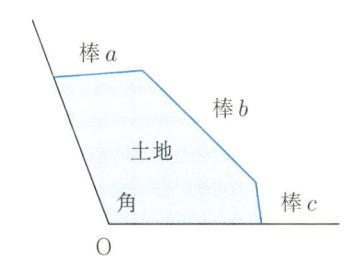

3 本の棒によってできるだけ広い土地を囲む

　カーテンレールで土地の曲がり角を作ります。次の図のよう

111

にカーテンレールと棒のそれぞれをリングで結び，関節を作ります。そして，土地に空気を強く吹き込みます。棒が空気から力を受けて運動することで，領域の面積は徐々に増えていきます。しかし，あるところで運動は止まり，面積はもう増えなくなります。このとき，棒やリングに働く力はつりあっていて，面積は最大になることが物理的感覚からわかります。ただ，もしかしてつりあった状態が複数あるかもしれません。そうであれば，つりあった状態での面積は極大とはいえても，最大とはいえません。しかし，今回の状況では，つりあった状態は面積が最大となります。

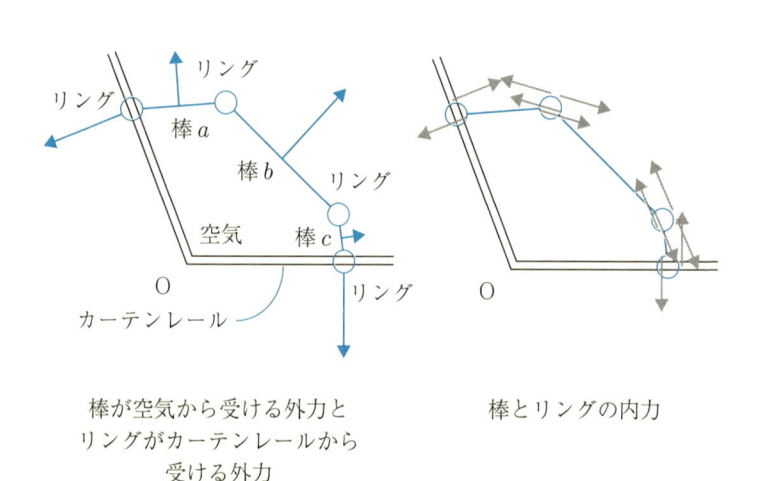

棒が空気から受ける外力と
リングがカーテンレールから
受ける外力

棒とリングの内力

　結果をいうと，つりあった状態のときには，4つのリングは点 O を中心とする同一円周上にあることになるのですが，数学的に微分などの複雑な計算でこれを示せたとしても，いまいち実感が

ともなわないでしょう。以下のように説明する物理学的解釈には十分意義があると思います。

3本の棒と4つのリングのヌンチャク形をまとめて1つの物体と見ます。カーテンレールは固定されています。前ページの左図は，つりあった状態のときの，棒とリングが空気とカーテンレールから受ける外力を示したものです。空気は棒のどの部分にも同じ力を及ぼすので，棒は単位面積当たり同じ力（圧力という）を受けます。図では，合力を表す矢印の長さを棒の長さと同じにし，作用点を棒の重心である中点に描いています。また，カーテンレールは接触しているリングに力を及ぼしますが，それはカーテンレールと垂直になります。その大きさはいまのところ不明です。つりあった状態のとき，外力の合力は0になります。

前ページの右図は，つりあった状態のときの，棒とリングの内力を示したものです。リングに関していえば，棒から内力を受けています。棒に関していえば，リングから内力を受けています。内力は，作用・反作用がペアになっているので，総和は0になります。

次の左図は棒 a に働く3つの力だけに注目したものです。棒 a は静止しているので3つの力の合力は0になります。矢印 a を対称軸として見ると，棒 a の両側に働く力の大きさは等しくなります。

次の中図は，3つの矢印を，その始点を中心に反時計周りに90° 回転させたものです。その3つの矢印の和は0になります。中図では矢印の向きは正しいですが大きさは不正確です。大きさ

も正確に描くと右図のようになり（ただし，矢印 a を棒 a と一致させ，その端点が他の矢印の始点，終点となるようずらしています），3 つの矢印で二等辺三角形ができます。

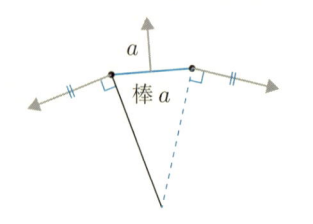

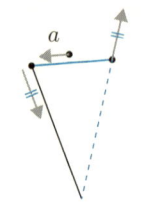

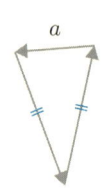

棒 a に働く 3 つの力

力の矢印を反時計周りに 90° 回転する（矢印の向きは正しいが大きさは不正確）

矢印の大きさを正確に図示すると二等辺三角形ができる

　棒 b，棒 c について同様に考えても二等辺三角形ができますが，棒 a，棒 b，棒 c の等辺はすべて等しくなります。なぜなら，棒と棒をつなぐリングに注目すると，リングに働く 2 つの力の大きさは等しいからです。さらに，隣り合った等辺どうしを描く位置は一致しています。なぜなら，棒と棒をつなぐリングに注目すると，リングに働く 2 つの力の向きは逆だからです。よって，それぞれの二等辺三角形の頂点は一致します。そして，この点はカーテンレールの折れ曲がっている部分 O になります。上右図の二等辺三角形の左側の等辺はカーテンレールと同じ位置にあることに注意しましょう。

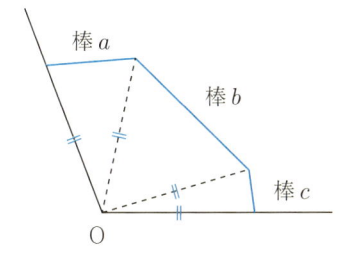

最大面積のとき，すべての棒の端点は同一円周上にある

　したがって，すべての棒の端点（同じことですが，すべてのリング）と O との距離は等しくなります。**空気を強く吹き込み，つりあった状態のとき，4 つのリングは点 O を中心とする同一円周上にある**ことがわかりました。

> 　ある曲がり角の土地を，長さが a，b，c の 3 本の棒によって囲むとき，囲まれた面積を最大にするには，すべての棒の端点が曲がり角を中心とする同一円周上にあるようにすればよい。

　今回はカーテンレールを領域の一部としましたが，例えば**4 つの与えられた長さの棒だけで作られる四角形を考えると，最大面積をとる状態は，すべての棒の端点が同一円周上にあるとき**になります。

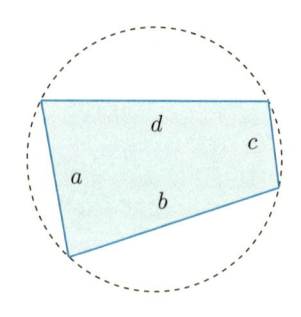

最大面積のとき，すべての棒の端点は同一円周上にある

このような静力学を使った考えをもう 2 つ紹介します。

（ⅱ）　定点 A, B と定直線上を動く動点 P があったとき，AP＋PB が最小となる P の位置 P_0 を求めたいとします。図のように A と直線に関して対称な点 A′ をとります。

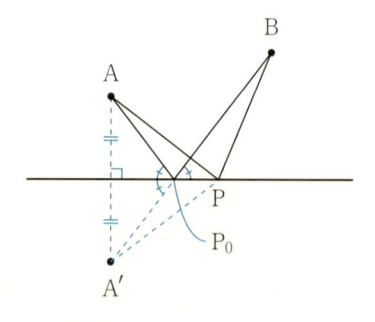

AP＋PB が最小となる P の位置 P_0

$$AP + PB = A'P + PB \geqq A'B$$

（等号成立は，P が A'B と定直線の交点のとき）

より，P_0 は図の位置になり，AP_0，BP_0 と定直線のなすそれぞれの角は等しくなります。高校数学で有名な問題です。

　これを静力学で解釈します。次ページの図のように，カーテンレールを固定し，リング P をとりつけます。杭 A，B を固定します。A→P→B とひもを通し，杭 B から伸びたひもを強くひっぱってひもの長さを短くしようとします。リング P は力を受けて運動することで，$AP + PB$ の長さは徐々に短くなっていきます。しかし，あるところで運動は止まり，長さはもう短くならなくなります。このときの P の位置が P_0 です。まず，ひもに働く外力に注目します。P_0 に働く 2 つの力の大きさは 1 本のひも上の同じ点に働く力として等しいです（向きは違います）。ひも AP_0 部分は伸び縮みしないので，P_0 に働く力と A に働く力の大きさは等しいです。これは，ひも BP_0 部分についても同様です。結局，次の図右上の破線の矢印の大きさはすべて等しくなります。次に，リングに働く外力に注目します。ひもからの力が左上方向と右上方向に働きますが，それらの大きさは等しいです。さらに，カーテンレールから垂直抗力が働きます。これらの 3 つの力はつりあっているので，左上方向と右上方向の力の横成分どうしの大きさは等しくなります。よって，AP_0，BP_0 とカーテンレールのなすそれぞれの角は等しくなります。

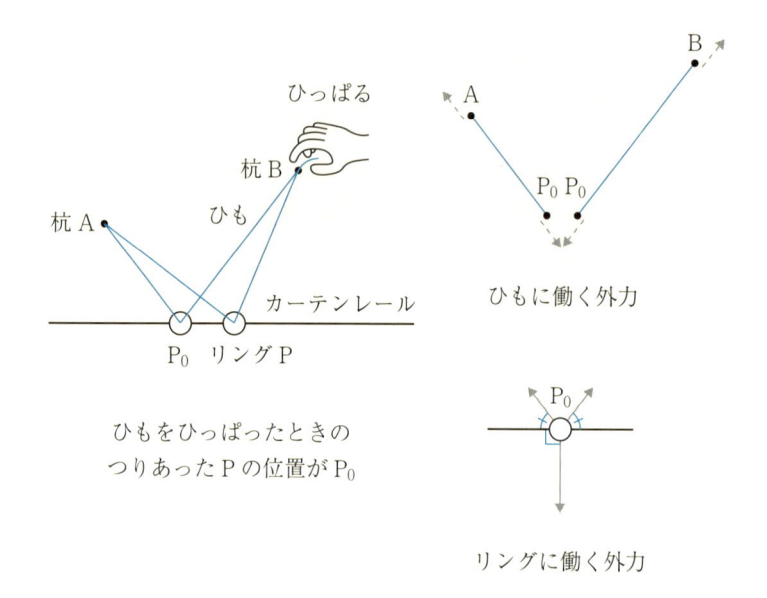

ひっぱる

杭 B

杭 A　ひも

カーテンレール

P_0　リング P

ひもをひっぱったときの
つりあった P の位置が P_0

A　B

P_0 P_0

ひもに働く外力

P_0

リングに働く外力

> 　定点 A, B と定直線上を動く動点 P があったとき, AP+PB
> が最小となる P の位置を P_0 とすると, AP_0, BP_0 と定直線
> のなすそれぞれの角は等しくなる。

(iii)　次に, 定点 A, B, C（ただし, 三角形 ABC の内角はすべ
て 120° 未満）と動点 P があったとき, PA+PB+PC が最小とな
る P の位置 P_0 を求めるには, 幾何学的には次の図のようにしま
す。点 P, B を A を中心に 60° 時計周りに回転した点をそれぞ
れ P′, B′ とします。三角形 APP′ は正三角形になり,

$$PA + PB + PC = PP' + P'B' + PC = B'P' + P'P + PC$$

となります。その値が最小となるとき，$B'P' + P'P + PC$ が表す折れ線は一直線となり，P は $B'C$ 上にあることになります。このとき，$\angle AP_0C = \angle P'P_0C - \angle AP_0P' = 180° - 60° = 120°$ などとなります。

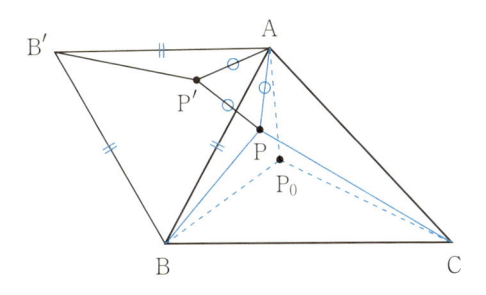

$PA + PB + PC$ が最小となる P の位置 P_0

　これを静力学で解釈します。次ページの図のように，杭 A, B, C を固定します。リング P をもってきて，P→A→P→B→P→C→P とひもを通し，P から伸びたひもを強くひっぱってひもの長さを短くしようとします。リング P は力を受けて運動することで，$2(PA + PB + PC)$ の長さは徐々に短くなっていきます。しかし，あるところで運動は止まり，長さはもう短くならなくなります。このときの P の位置が P_0 です。まず，ひもに働く外力に注目します。先ほどと同様に次の図右上の破線の矢印の大きさはすべて等しくなります。次に，リングに働く外力に注目します。先ほどと同様に次の図左下の実線の矢印の大きさはすべて等しくなりま

す。同じ方向の力をそれぞれあわせた計3つの力がつりあっているとき，それらの合力は0です。3つの力を表す矢印を下図右下のようにずらすと（リングは質点とみなす），正三角形ができるということになります。よって，力の矢印どうしのなす角は120°となり，$\angle AP_0C = 120°$ などとなります。三角形 ABC に対して点 P_0 をフェルマー点といいますが，関連する話題を5.6節でも紹介します。

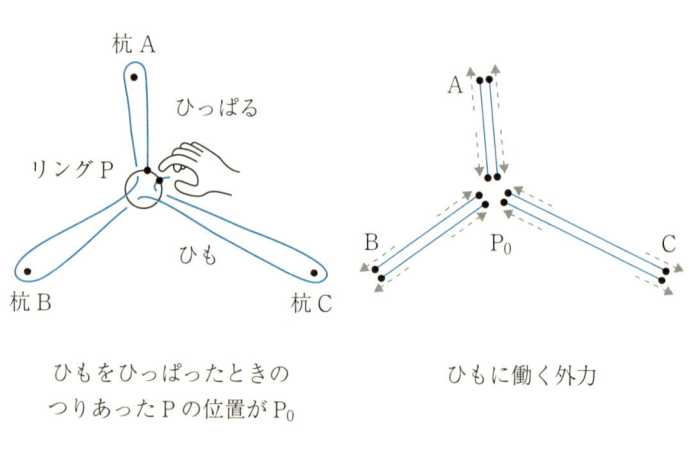

ひもをひっぱったときの
つりあったPの位置がP_0

ひもに働く外力

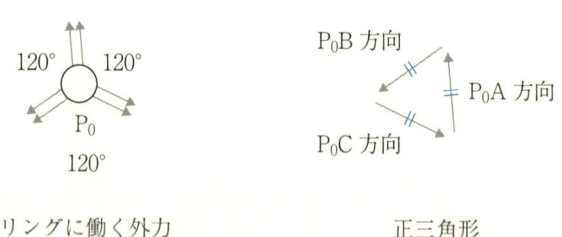

リングに働く外力

正三角形

ベクトルで
面積・体積を求める

4.1 面積の概念

第4章ではベクトルどうしの内積・外積を用いて，面積を求める公式を作っていきます。本節では，改めて本書の方向性を説明します。

（ⅰ）　一般に，数学の話を進める際，「物理学的側面」「幾何学的側面」「解析学的側面」「代数学的側面」という側面があると思います。面積の概念にもそれらの側面があります。

面積の概念の「**物理学的側面**」では，例えば，土地の広さ，地球の表面積などといった現実的な測量で語られます。

面積の概念の「**幾何学的側面**」では，例えば，平面上の三角形や円，球面上の三角形などの基本的な図形を題材に語られます。

面積の概念の「**解析学的側面**」では，例えば，関数で表される領域の面積を積分して求めることに対し，計算テクニックや積分法の概念をより一般化していきます。

面積の概念の「**代数学的側面**」では，例えば，図形と面積の間の関係を測度として公理化し，平面上の図形だけでなく，抽象的な集合にも測度の概念を考えます。

面積は実数の値をとる連続的概念ですが，個数や場合の数は自然数の値をとるので離散的概念と考えることができます。それは面積の概念のいわば「**離散数学的側面**」と考えられます。

(ⅱ)　本書では主に，平面上の三角形や円，球面上の三角形など
を題材にして公式を求めていきますが，その方法にもいろいろな
側面があります。

　面積の求め方の「物理学的側面」では，線分が運動してできる
面積など，時間という物理的概念とからめることがあります。本
書では第2章で説明しました。

　面積の求め方の「幾何学的側面」では，図形を分割・移動して
等積変形していく方法などがあります。これは主に小学校で習い
ます。本書では第1章で説明しました。

　面積の求め方の「解析学的側面」では，積分で計算する方法を
用います。これは主に高校で習います。さらに大学では，より
きっちりと微分積分学を学びます。本書ではその一部を第6章で
紹介します。

　面積の求め方の「代数学的側面」では，ベクトルや行列式の性
質を利用します。本書では第4章，第5章で説明します。

　面積は通常，連続的な曲線で表される図形の領域に対する概念
です。面積は積分などで求めるのに対し，離散的に散らばった点
の個数はシグマ計算などで求めます。また，例えば次の左図の
ような領域の面積では，「台形の面積 $= \dfrac{1}{2}(上底 + 下底) \times 高さ$」
という公式があるのに対し，右図のように散らばった点の個数で
は，「等差数列の和 $= \dfrac{1}{2}(初項 + 末項) \times 項数$」という公式があり
ます。2つの式は似ていますね。そういった個数の求め方は，面
積の求め方のいわば「離散数学的側面」と考えられます。数学の
いたるところに類似性や関連性が現れるのは面白いことです。

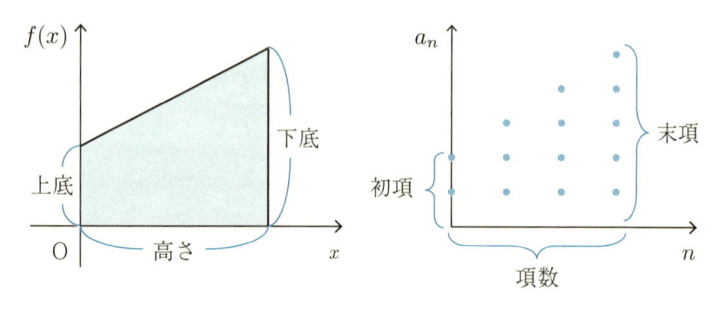

1次関数で囲まれた領域の面積　　　　　等差数列の点の個数

(iii)　第4章では，面積の求め方の「代数学的側面」としてベクトルや行列式の性質を利用しますが，その導入の仕方にもいろいろな側面があります。

　ベクトルの「物理学的側面」では，車の速度などから導入します。これは経験から実感しやすいです。本書もこの方針です。

　ベクトルの「幾何学的側面」では，矢印を表す幾何ベクトルや，点を表す位置ベクトルとして導入します。これは目で見やすいです。本書もこの方針です。

　ベクトルの「解析学的側面」では，例えば4次元ベクトルを4つの数の組として導入します。4次元ベクトルの内積というのは，成分計算で導入されます。計算しやすい反面，実感しにくいし目でも見えないというデメリットがあります。本書はこの方針ではありません。

　ベクトルの「代数学的側面」では，ベクトルというものを，$k(\vec{a} + \vec{b}) = k\vec{a} + k\vec{b}$ などの演算性質をもったベクトル空間として

抽象的に捉えます。線形代数の本ではこの捉え方をします。ベクトル空間を考えることで，速度や矢印だけでなく，数列や関数もベクトルとして扱うことができ，応用が利くのですが，実感しにくいし目でも見えないというデメリットがあります。本書はこの方針ではありません。

　次の表で，対応の一例をまとめておきます。

概念 側面	表示	特徴	面積の概念	ベクトルの概念	内積の概念	面積の求め方
物理学的側面	絵	実感しやすい	土地の広さ	速度	仕事	線分の運動
幾何学的側面	図形	見やすい	図形の大きさ	矢印や点	$\vec{a} \cdot \vec{b}$ $= |\vec{a}||\vec{b}| \cos\theta$ （θ は $\vec{a}$, $\vec{b}$ の なす角）	図形の分割・ 移動
解析学的側面	数式	計算しやすい	積分法	数の組	$\begin{pmatrix} a \\ c \end{pmatrix} \cdot \begin{pmatrix} b \\ d \end{pmatrix}$ $= ab + cd$	積分計算
代数学的側面	演算規則	一般化しやすい	測度空間	ベクトル空間の 公理	内積空間の公理	ベクトルどうし の内積・外積・ 行列式
離散数学的側面	組み合わせ論 における模様	具体的に 表しやすい	個数や場合の数	統計における データ	統計における 偏差積和	シグマ計算や 数え上げ

4.2 ベクトル

　ベクトルをその「物理学的側面」と「幾何学的側面」をもとに導入します。日常的に車の速さが時速 100km などといったりしますが，それだけではどちらに進んでいるのかわかりません。向きを含めて，北東に時速 100km などというとき，速度といいます。これを図示するには，向きと大きさをもつ矢印を描きます。矢印のことを**ベクトル**といいます。

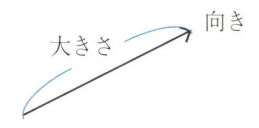

ベクトルとは，向きと大きさをもつ矢印

　次の図のように，点 A にいる車が北東に時速 100km の場合と，点 O にいる車が北東に時速 100km の場合とでは，速度としては同じです。矢印を描く位置が違っても，向きと大きさが等しければ同じベクトルになります。特に始点が原点 O にあるものを考えることが多いです。このベクトルを，矢印の終点にある点の位置に対応させることができるので，**位置ベクトル**といいます。

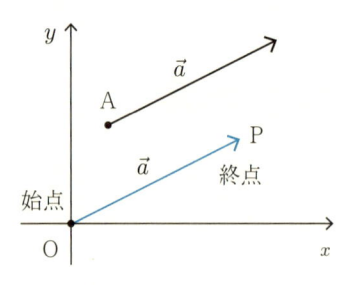

原点 O を始点とするベクトル $\vec{a}$ を終点の点 P と対応させる

　速度を 1 秒当たりの位置変化と捉えると，2 つのベクトルの和は，2 つの位置変化なので平行四辺形の対角線として描けます。ベクトルの実数倍は，向きはそのままで大きさを実数倍することで描けます。平面上の位置ベクトルを横方向と縦方向に分解して，$\vec{a} = \begin{pmatrix} a \\ c \end{pmatrix}$ のように成分表示できます。成分がすべて 0 のとき，$\vec{0} = \begin{pmatrix} 0 \\ 0 \end{pmatrix}$ と書きます。ベクトルの大きさは，三平方の定理より，$|\vec{a}| = \sqrt{a^2 + c^2}$ となります。

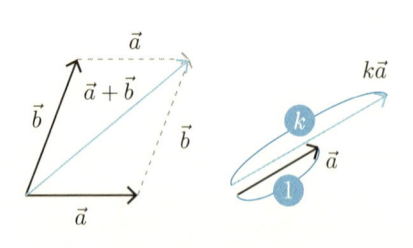 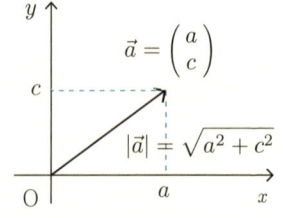

2 つのベクトルの和　　ベクトルの実数倍　　ベクトルの成分表示，
　　　　　　　　　　　　　　　　　　　　　　　ベクトルの大きさ

4.3 ベクトルの内積で平行四辺形の面積を求める

　次に，内積を導入します。点 O にある物体に力 $\vec{b}$ を与え続けて，実際の位置変化は $\vec{a}$ だったとします。$\vec{a}$ と $\vec{b}$ のなす角を θ とします。力 $\vec{b}$ のうち $\vec{a}$ 方向と垂直な成分は物体の位置変化には影響せず，力 $\vec{b}$ のうち $\vec{a}$ 方向と平行な成分だけが物体の位置変化に影響します。この力の大きさ $|\vec{b}| \cos\theta$ と，位置変化の大きさ $|\vec{a}|$ の積を仕事といいます。

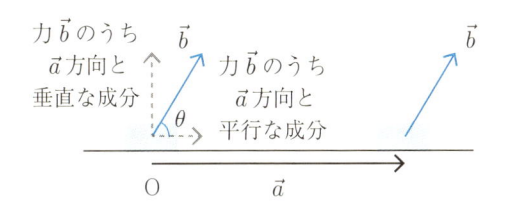

仕事：（力が作用した成分）×（位置変化）

　この仕事の値を，$\vec{a} \cdot \vec{b} = |\vec{a}||\vec{b}| \cos\theta$ と書き，$\vec{a}$ と $\vec{b}$ の内積といいます。$|\vec{b}| \cos\theta$ や $|\vec{a}|$ が大きいほど，エネルギーを費やしたことになります。幾何学的には，次の図のように $\vec{b}$ を $\vec{a}$ に射影した長さが $|\vec{b}| \cos\theta$ です。ただし，$|\vec{b}| \cos\theta$ は θ が鈍角のとき負になります。

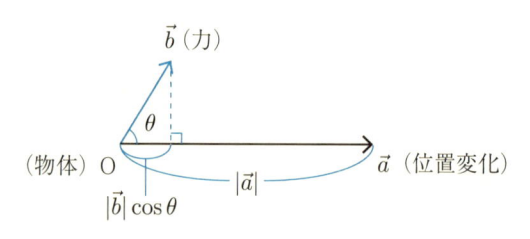

$$\text{内積}: \vec{a} \cdot \vec{b} = |\vec{a}||\vec{b}| \cos \theta$$

内積には次の性質があります。

内積の性質

（ i ）	$\vec{a} \cdot \vec{b} = \vec{b} \cdot \vec{a}$	（交換法則）
（ ii ）	$(k\vec{a}) \cdot \vec{b} = \vec{a} \cdot (k\vec{b}) = k(\vec{a} \cdot \vec{b})$ （k は実数）	（結合法則）
（iii）	$\vec{a} \cdot (\vec{b} + \vec{c}) = \vec{a} \cdot \vec{b} + \vec{a} \cdot \vec{c}$	（分配法則）

これらを実感できるように，図で説明（証明ではない）していきます。

（ i ）の説明

$\vec{a} \cdot \vec{b} = |\vec{a}||\vec{b}| \cos \theta$ において，$|\vec{a}|$ と $|\vec{b}|$ の順番が違っていてもかまわないことから，$\vec{a} \cdot \vec{b} = \vec{b} \cdot \vec{a}$ となります。図のイメージとしては次のようになります。位置ベクトル $\vec{a}$, $\vec{b}$ の終点をそれぞれ A, B とし，B から OA に垂線 BC を下ろし，A から OB に垂線 AD を下ろします。円周角の定理の逆より 4 点 A, B, C, D は同一円周上にあります。方ベキの定理から OA・OC ＝ OB・OD なので 2

つのベクトルのなす角を θ とすると，$|\vec{a}| \cdot |\vec{b}| \cos \theta = |\vec{b}| \cdot |\vec{a}| \cos \theta$，つまり，$\vec{a} \cdot \vec{b} = \vec{b} \cdot \vec{a}$ となります。

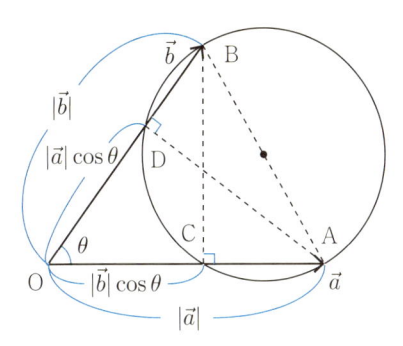

方ベキの定理：OA・OC＝OB・OD

(ⅱ) の説明

　$(k\vec{a}) \cdot \vec{b}, \vec{a} \cdot (k\vec{b}), k(\vec{a} \cdot \vec{b})$ は，次の図のように k 倍の箇所が違うだけで最終的にはいずれも k 倍になるので，$(k\vec{a}) \cdot \vec{b} = \vec{a} \cdot (k\vec{b}) = k(\vec{a} \cdot \vec{b})$ となります。

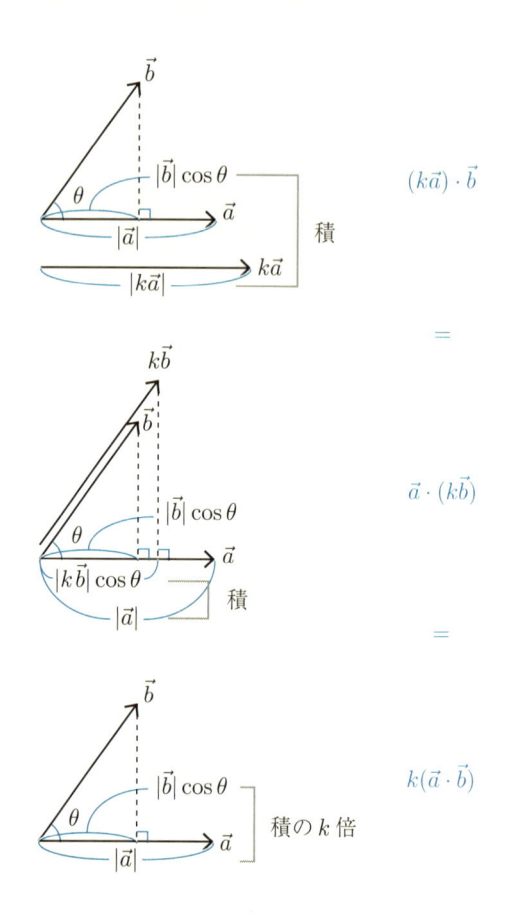

$(k\vec{a}) \cdot \vec{b}$

$=$

$\vec{a} \cdot (k\vec{b})$

$=$

$k(\vec{a} \cdot \vec{b})$

(iii) の説明

　図で，$|\vec{b} + \vec{c}| \cos\theta = |\vec{b}| \cos\theta_1 + |\vec{c}| \cos\theta_2$ なので，$|\vec{a}||\vec{b} + \vec{c}| \cos\theta = |\vec{a}||\vec{b}| \cos\theta_1 + |\vec{a}||\vec{c}| \cos\theta_2$，つまり $\vec{a} \cdot (\vec{b} + \vec{c}) = \vec{a} \cdot \vec{b} + \vec{a} \cdot \vec{c}$ となります。同様に $(\vec{a} + \vec{b}) \cdot \vec{c} = \vec{a} \cdot \vec{c} + \vec{b} \cdot \vec{c}$ も成立します。

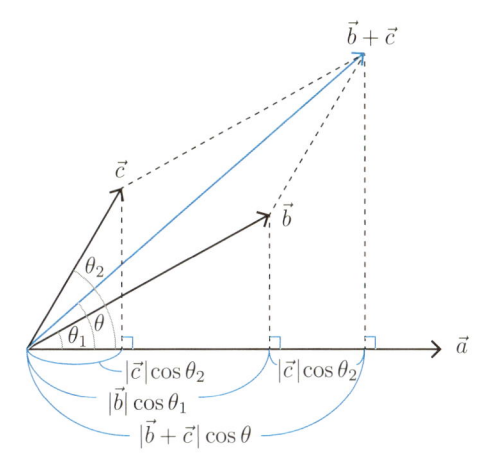

以上の性質から，内積の成分表示ができます。

$$\vec{a} \cdot \vec{b} = \begin{pmatrix} a \\ c \end{pmatrix} \cdot \begin{pmatrix} b \\ d \end{pmatrix}$$

$$= \left\{ a \begin{pmatrix} 1 \\ 0 \end{pmatrix} + c \begin{pmatrix} 0 \\ 1 \end{pmatrix} \right\} \cdot \left\{ b \begin{pmatrix} 1 \\ 0 \end{pmatrix} + d \begin{pmatrix} 0 \\ 1 \end{pmatrix} \right\}$$

$$= ab \begin{pmatrix} 1 \\ 0 \end{pmatrix} \cdot \begin{pmatrix} 1 \\ 0 \end{pmatrix} + ad \begin{pmatrix} 1 \\ 0 \end{pmatrix} \cdot \begin{pmatrix} 0 \\ 1 \end{pmatrix}$$

$$\qquad + cb \begin{pmatrix} 0 \\ 1 \end{pmatrix} \cdot \begin{pmatrix} 1 \\ 0 \end{pmatrix} + cd \begin{pmatrix} 0 \\ 1 \end{pmatrix} \cdot \begin{pmatrix} 0 \\ 1 \end{pmatrix}$$

$$= ab \cdot 1 \cdot 1 \cdot \cos 0^\circ + ad \cdot 1 \cdot 1 \cdot \cos 90^\circ$$

$$\qquad + cb \cdot 1 \cdot 1 \cdot \cos 90^\circ + cd \cdot 1 \cdot 1 \cdot \cos 0^\circ$$

$$= ab + cd$$

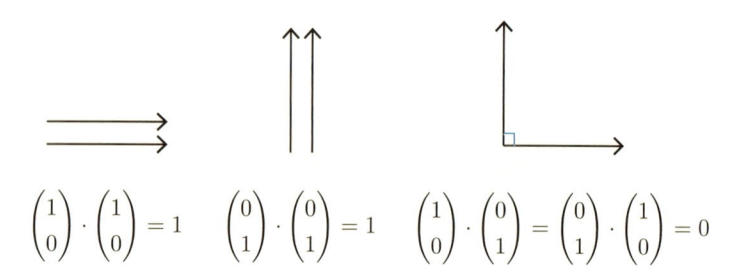

$$\begin{pmatrix} 1 \\ 0 \end{pmatrix} \cdot \begin{pmatrix} 1 \\ 0 \end{pmatrix} = 1 \qquad \begin{pmatrix} 0 \\ 1 \end{pmatrix} \cdot \begin{pmatrix} 0 \\ 1 \end{pmatrix} = 1 \qquad \begin{pmatrix} 1 \\ 0 \end{pmatrix} \cdot \begin{pmatrix} 0 \\ 1 \end{pmatrix} = \begin{pmatrix} 0 \\ 1 \end{pmatrix} \cdot \begin{pmatrix} 1 \\ 0 \end{pmatrix} = 0$$

　3次元ベクトルでも同じようにできます。

　ベクトルの内積の成分表示を用いて，平行四辺形の面積を求めることができます。図のように $\vec{a} = \begin{pmatrix} a \\ c \end{pmatrix}$，$\vec{b} = \begin{pmatrix} b \\ d \end{pmatrix}$ でできる平行四辺形の面積を S とし，2つのベクトルのなす角を θ とします。底辺を $|\vec{a}|$ とすると，高さは $|\vec{b}| \sin \theta$ となります。よって，

$$\begin{aligned}
S &= |\vec{a}||\vec{b}| \sin \theta = |\vec{a}||\vec{b}| \sqrt{1 - \cos^2 \theta} \\
&= \sqrt{|\vec{a}|^2 |\vec{b}|^2 - (|\vec{a}||\vec{b}| \cos \theta)^2} = \sqrt{|\vec{a}|^2 |\vec{b}|^2 - (\vec{a} \cdot \vec{b})^2} \\
&= \sqrt{(a^2 + c^2)(b^2 + d^2) - (ab + cd)^2} = |ad - bc|
\end{aligned}$$

となります。

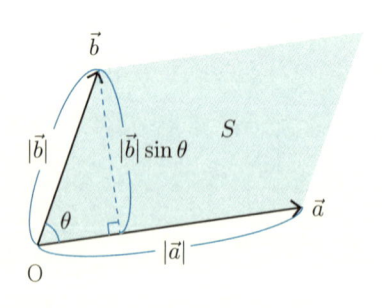

4.4 ベクトルの外積で空間平行四辺形の面積を求める

　外積を導入します。外積は 3 次元ベクトルのみで定義されます。1 点 O で自由に回転できるテーブルの上の点（位置ベクトルは $\vec{a}$）に力 $\vec{b}$ を与えたとすると，テーブルは回転しようとします。その大きさを考えます。実際に回転してしまうと位置ベクトルが変わるので，回転しようとするだけで，回転はしていません。$\vec{a}$ の大きさ $|\vec{a}|$ と，力 $\vec{b}$ により実質的に回転しようとする方向の成分 $|\vec{b}|\sin\theta$ との積をとります。$|\vec{a}|$ や $|\vec{b}|\sin\theta$ が大きいほど，大きく回転しようとします。例えば，下右図のようなシーソーで，左回転しようとする大きさを，距離 × 力 ＝ ① × ③，右回転しようとする大きさを，距離 × 力 ＝ ③ × ①と考えますね。いま，これらが等しいので，シーソーはつりあっています。

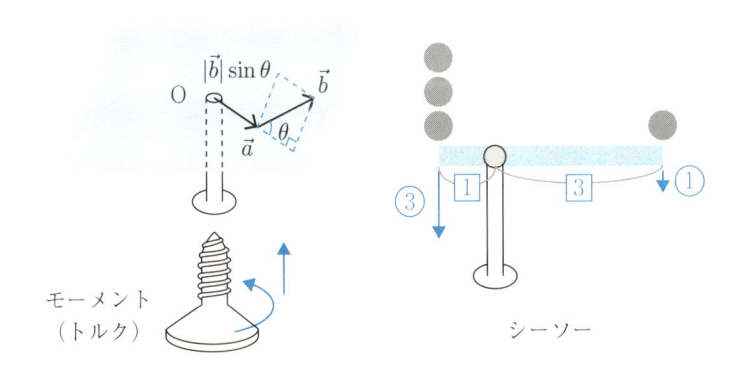

モーメント
（トルク）

シーソー

さらに回転しようとする向きも考慮します。左図のテーブルでは反時計周りに回転しようとしますが，これを右ネジを回しているように思って，右ネジが進もうとする向きを考えます。図ではテーブルの表側へ向かう向きになります。このとき，大きさが $|\vec{a}||\vec{b}|\sin\theta$ で，右ネジが進もうとする向きをもつベクトルをモーメント（トルク）といいます。テーブルが回転しようとする大きさと回転しようとする向きを表しています。3.2 節で説明したモーメント（トルク）は大きさのみを考えましたが，一般には向きも考えます。このベクトルを，$\vec{a} \times \vec{b}$ と書き，**外積**といいます。大きさは，$|\vec{a} \times \vec{b}| = |\vec{a}||\vec{b}|\sin\theta$ です。

幾何学的には，$\vec{a}$ を $\vec{b}$ に最短角度で重ねようとする回転を，右ネジを回しているように思ったときに右ネジが進もうとする向きが $\vec{a} \times \vec{b}$ の向きです。$\vec{a} \times \vec{b}$ の大きさは，$\vec{a}$ と $\vec{b}$ でできる平行四辺形の面積 S と等しく，$S = |\vec{a} \times \vec{b}| = |\vec{a}||\vec{b}|\sin\theta$ です。$\vec{a} \times \vec{b}$ の向きを，右という用語を使わずに純粋に幾何学的に説明するのは不可能です。解析学的には，$\begin{pmatrix} 1 \\ 0 \\ 0 \end{pmatrix} \times \begin{pmatrix} 0 \\ 1 \\ 0 \end{pmatrix} = \begin{pmatrix} 0 \\ 0 \\ 1 \end{pmatrix}$ などと決めます。

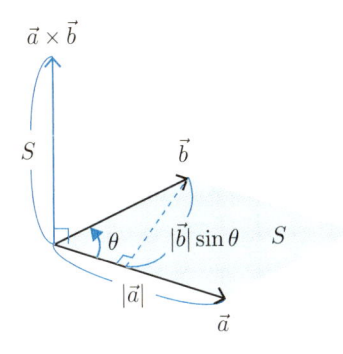

外積 $\vec{a} \times \vec{b}\,(\,|\vec{a} \times \vec{b}| = |\vec{a}||\vec{b}|\sin\theta\,)$

外積には次の性質があります。

外積の性質

(ⅰ)　$\vec{b} \times \vec{a} = -\vec{a} \times \vec{b}$ 　　　　　　　　　　（交代性）

(ⅱ)　$(k\vec{a}) \times \vec{b} = \vec{a} \times (k\vec{b}) = k(\vec{a} \times \vec{b})$ 　(k は実数)（結合法則）

(ⅲ)　$\vec{a} \times (\vec{b} + \vec{c}) = \vec{a} \times \vec{b} + \vec{a} \times \vec{c}$ 　　　　　　　（分配法則）

内積の性質と同様に，図で説明していきます。

(ⅰ)の説明

次の図のように，$\vec{b} \times \vec{a}$ と $\vec{a} \times \vec{b}$ は大きさは同じで，向きは逆になるので，$\vec{b} \times \vec{a} = -\vec{a} \times \vec{b}$ となります。

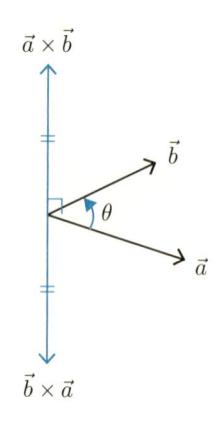

(ii) の説明

　図のように k 倍の箇所が違うだけで，最終的にはいずれも k 倍になるので，$(k\vec{a}) \times \vec{b} = \vec{a} \times (k\vec{b}) = k(\vec{a} \times \vec{b})$ となります。

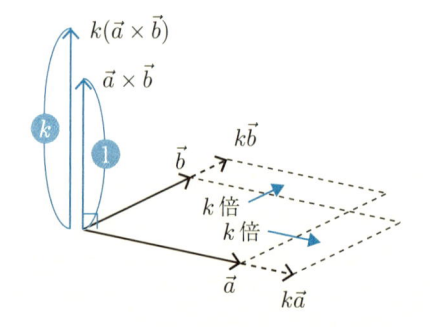

(iii) の説明

　$\vec{a}$ に垂直な平面に，$\vec{b}+\vec{c}$，$\vec{b}$，$\vec{c}$ を射影したものを $(\vec{b}+\vec{c})_\perp$，$\vec{b}_\perp$，$\vec{c}_\perp$ と書きます。$\vec{a}$ 方向から眺めることで，$\vec{a} \times (\vec{b}+\vec{c})$，$\vec{a} \times \vec{b}$，

$\vec{a} \times \vec{c}$ はそれぞれ $(\vec{b} + \vec{c})_{\perp}$, $\vec{b}_{\perp}$, $\vec{c}_{\perp}$ を反時計周りに $90°$ 回転し, $|\vec{a}|$ 倍したものであることがわかります。$(\vec{b} + \vec{c})_{\perp} = \vec{b}_{\perp} + \vec{c}_{\perp}$ なので, $\vec{a} \times (\vec{b} + \vec{c}) = \vec{a} \times \vec{b} + \vec{a} \times \vec{c}$ となります。同様に $(\vec{a} + \vec{b}) \times \vec{c} = \vec{a} \times \vec{c} + \vec{b} \times \vec{c}$ も成立します。

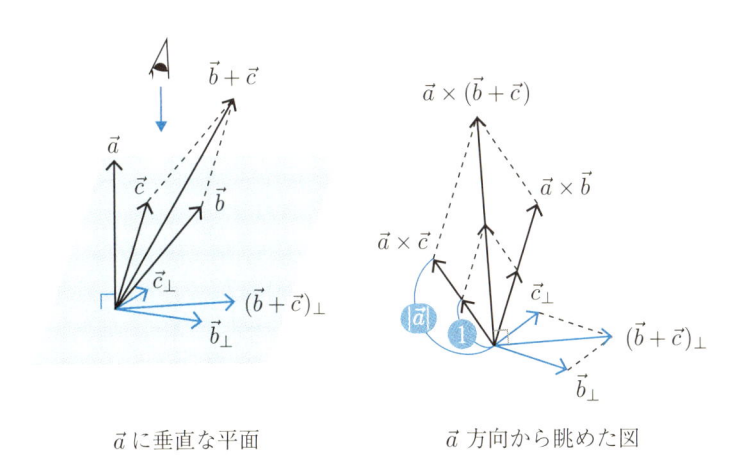

$\vec{a}$ に垂直な平面　　　　　$\vec{a}$ 方向から眺めた図

以上の性質から, 外積の成分表示ができます。

$$\vec{a} \times \vec{b} = \begin{pmatrix} a_1 \\ a_2 \\ a_3 \end{pmatrix} \times \begin{pmatrix} b_1 \\ b_2 \\ b_3 \end{pmatrix}$$

$$= \left\{ a_1 \begin{pmatrix} 1 \\ 0 \\ 0 \end{pmatrix} + a_2 \begin{pmatrix} 0 \\ 1 \\ 0 \end{pmatrix} + a_3 \begin{pmatrix} 0 \\ 0 \\ 1 \end{pmatrix} \right\}$$

$$\times \left\{ b_1 \begin{pmatrix} 1 \\ 0 \\ 0 \end{pmatrix} + b_2 \begin{pmatrix} 0 \\ 1 \\ 0 \end{pmatrix} + b_3 \begin{pmatrix} 0 \\ 0 \\ 1 \end{pmatrix} \right\}$$

$$= a_1 b_2 \begin{pmatrix} 1 \\ 0 \\ 0 \end{pmatrix} \times \begin{pmatrix} 0 \\ 1 \\ 0 \end{pmatrix} + a_1 b_3 \begin{pmatrix} 1 \\ 0 \\ 0 \end{pmatrix} \times \begin{pmatrix} 0 \\ 0 \\ 1 \end{pmatrix}$$

$$+ a_2 b_1 \begin{pmatrix} 0 \\ 1 \\ 0 \end{pmatrix} \times \begin{pmatrix} 1 \\ 0 \\ 0 \end{pmatrix} + a_2 b_3 \begin{pmatrix} 0 \\ 1 \\ 0 \end{pmatrix} \times \begin{pmatrix} 0 \\ 0 \\ 1 \end{pmatrix}$$

$$+ a_3 b_1 \begin{pmatrix} 0 \\ 0 \\ 1 \end{pmatrix} \times \begin{pmatrix} 1 \\ 0 \\ 0 \end{pmatrix} + a_3 b_2 \begin{pmatrix} 0 \\ 0 \\ 1 \end{pmatrix} \times \begin{pmatrix} 0 \\ 1 \\ 0 \end{pmatrix}$$

$$= a_1 b_2 \begin{pmatrix} 0 \\ 0 \\ 1 \end{pmatrix} + a_1 b_3 \begin{pmatrix} 0 \\ -1 \\ 0 \end{pmatrix} + a_2 b_1 \begin{pmatrix} 0 \\ 0 \\ -1 \end{pmatrix}$$

$$+ a_2 b_3 \begin{pmatrix} 1 \\ 0 \\ 0 \end{pmatrix} + a_3 b_1 \begin{pmatrix} 0 \\ 1 \\ 0 \end{pmatrix} + a_3 b_2 \begin{pmatrix} -1 \\ 0 \\ 0 \end{pmatrix}$$

$$= \begin{pmatrix} a_2 b_3 - a_3 b_2 \\ a_3 b_1 - a_1 b_3 \\ a_1 b_2 - a_2 b_1 \end{pmatrix}$$

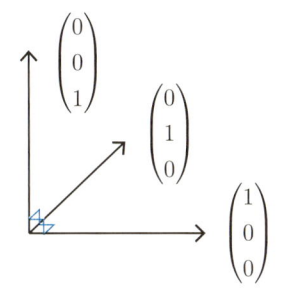

$$\begin{pmatrix}1\\0\\0\end{pmatrix} \times \begin{pmatrix}0\\1\\0\end{pmatrix} = \begin{pmatrix}0\\0\\1\end{pmatrix}, \quad \begin{pmatrix}0\\1\\0\end{pmatrix} \times \begin{pmatrix}0\\0\\1\end{pmatrix} = \begin{pmatrix}1\\0\\0\end{pmatrix}, \quad \begin{pmatrix}0\\0\\1\end{pmatrix} \times \begin{pmatrix}1\\0\\0\end{pmatrix} = \begin{pmatrix}0\\1\\0\end{pmatrix}$$

これをもとに，$\vec{a} = \begin{pmatrix}a_1\\a_2\\a_3\end{pmatrix}, \vec{b} = \begin{pmatrix}b_1\\b_2\\b_3\end{pmatrix}$ の成分表示から $\vec{a}$，$\vec{b}$ でできる空間平行四辺形の面積 S を求めることができます。

$$S = |\vec{a} \times \vec{b}|$$
$$= \sqrt{(a_2 b_3 - a_3 b_2)^2 + (a_3 b_1 - a_1 b_3)^2 + (a_1 b_2 - a_2 b_1)^2}$$

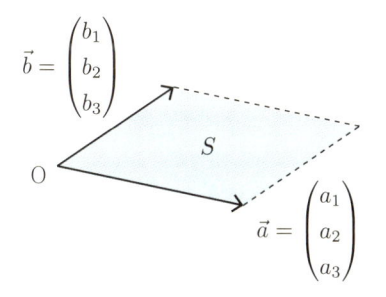

空間平行四辺形

さらに，外積には次の性質があります（(i) 〜 (iii) は p.137）。$|\vec{a}, \vec{b}, \vec{c}|$ は行列式で，$\vec{a}$, $\vec{b}$, $\vec{c}$ でできる平行六面体の体積を表します。行列式については第 5 章で改めて説明します。

外積の性質

(iv) $\quad \vec{a} \cdot (\vec{b} \times \vec{c}) = |\vec{a}, \vec{b}, \vec{c}|$ （スカラー三重積）

(v) $\quad \vec{a} \times (\vec{b} \times \vec{c}) = (\vec{a} \cdot \vec{c})\vec{b} - (\vec{a} \cdot \vec{b})\vec{c}$ （ベクトル三重積）

(vi) $\quad (\vec{a} \times \vec{b}) \cdot (\vec{c} \times \vec{d}) = (\vec{a} \cdot \vec{c})(\vec{b} \cdot \vec{d}) - (\vec{a} \cdot \vec{d})(\vec{b} \cdot \vec{c})$

（スカラー四重積）

(vii) $\quad (\vec{a} \times \vec{b}) \times (\vec{c} \times \vec{d}) = |\vec{a}, \vec{b}, \vec{d}|\vec{c} - |\vec{a}, \vec{b}, \vec{c}|\vec{d}$

（ベクトル四重積）

(viii) $\quad (\vec{a} \cdot \vec{b})^2 + |\vec{a} \times \vec{b}|^2 = |\vec{a}|^2 |\vec{b}|^2$

（内積と外積の大きさの関係）

(ix) $\quad \vec{a} \times (\vec{b} \times \vec{c}) + \vec{b} \times (\vec{c} \times \vec{a}) + \vec{c} \times (\vec{a} \times \vec{b}) = \vec{0}$

（ヤコビの恒等式）

それぞれ図で説明していきます。

(iv) の説明

$\vec{a}$, $\vec{b}$, $\vec{c}$ でできる平行六面体の体積 $V = |\vec{a}, \vec{b}, \vec{c}|$ は，$\vec{b}$, $\vec{c}$ でで

きる平行四辺形を底面と考え，その面積を S，$\vec{a}$ の終点までの高さを h，また $\vec{b} \times \vec{c}$ と $\vec{a}$ とのなす角を θ とおくと，

$$|\vec{a}, \vec{b}, \vec{c}| = Sh = |\vec{b} \times \vec{c}||\vec{a}| \cos\theta = \vec{a} \cdot (\vec{b} \times \vec{c})$$

となります。

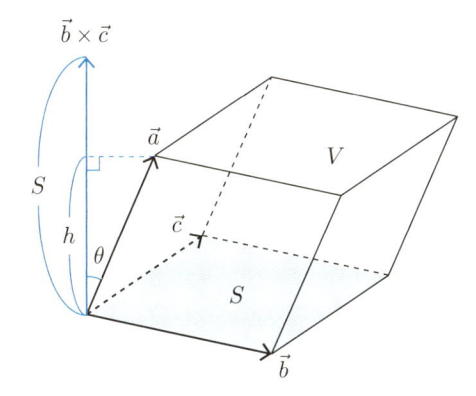

これをもとに，$\vec{a} = \begin{pmatrix} a_1 \\ a_2 \\ a_3 \end{pmatrix}$，$\vec{b} = \begin{pmatrix} b_1 \\ b_2 \\ b_3 \end{pmatrix}$，$\vec{c} = \begin{pmatrix} c_1 \\ c_2 \\ c_3 \end{pmatrix}$ の成分表示から $\vec{a}$，$\vec{b}$，$\vec{c}$ でできる平行六面体の体積 V を求めることができます。

$$V = \vec{a} \cdot (\vec{b} \times \vec{c}) = \begin{pmatrix} a_1 \\ a_2 \\ a_3 \end{pmatrix} \cdot \begin{pmatrix} b_2 c_3 - b_3 c_2 \\ b_3 c_1 - b_1 c_3 \\ b_1 c_2 - b_2 c_1 \end{pmatrix}$$

$$= a_1(b_2 c_3 - b_3 c_2) + a_2(b_3 c_1 - b_1 c_3) + a_3(b_1 c_2 - b_2 c_1)$$

（ⅴ）の説明

$\vec{a} \times (\vec{b} \times \vec{c})$ と $\vec{b} \times \vec{c}$ は垂直で，$\vec{b} \times \vec{c}$ は $\vec{b}\vec{c}$ 平面と垂直です。よって図のように，$\vec{a} \times (\vec{b} \times \vec{c})$ は $\vec{b}\vec{c}$ 平面上にあります。そのため $\vec{a} \times (\vec{b} \times \vec{c}) = k\vec{b} + l\vec{c}$ と書けます。この式の両辺と $\vec{a}$ の内積をとると，$\vec{a} \times (\vec{b} \times \vec{c})$ と $\vec{a}$ は垂直なので左辺は 0 になり，

$$0 = k(\vec{a} \cdot \vec{b}) + l(\vec{a} \cdot \vec{c}) \quad より \quad k : l = (\vec{a} \cdot \vec{c}) : -(\vec{a} \cdot \vec{b})$$

となります。よって，$\vec{a} \times (\vec{b} \times \vec{c}) = m(\vec{a} \cdot \vec{c})\vec{b} - m(\vec{a} \cdot \vec{b})\vec{c}$ と書けます。

ここで，$\vec{a}$ を $2\vec{a}$ に変えて，両辺を 2 で割ると同じ式になります。文字 m は $\vec{a}$ に依存している可能性がありましたが，$\vec{a}$ を $2\vec{a}$ に変えても同じということは，文字 m は $\vec{a}$ に依存していません。$\vec{b}$，$\vec{c}$ についても同様で，結局，文字 m は定数です。$\vec{a} = \begin{pmatrix} 1 \\ 0 \\ 0 \end{pmatrix}$，$\vec{b} = \begin{pmatrix} 0 \\ 1 \\ 0 \end{pmatrix}$，$\vec{c} = \begin{pmatrix} 1 \\ 0 \\ 0 \end{pmatrix}$ を代入すると，$\begin{pmatrix} 1 \\ 0 \\ 0 \end{pmatrix} \times \begin{pmatrix} 0 \\ 0 \\ -1 \end{pmatrix} = m \begin{pmatrix} 0 \\ 1 \\ 0 \end{pmatrix}$ より $m = 1$ となり，$\vec{a} \times (\vec{b} \times \vec{c}) = (\vec{a} \cdot \vec{c})\vec{b} - (\vec{a} \cdot \vec{b})\vec{c}$ になります。

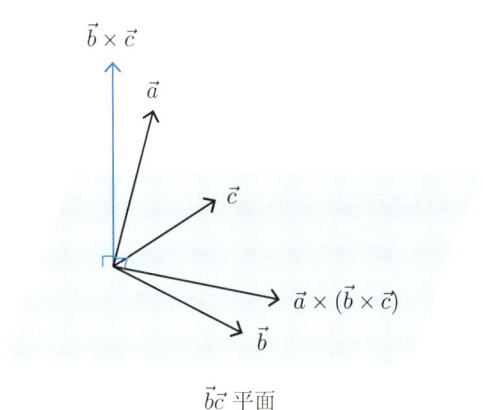

$$\vec{b}\vec{c}\ \text{平面}$$

(vi) の説明

(iv)(ⅴ) より,

$$(\vec{a} \times \vec{b}) \cdot (\vec{c} \times \vec{d}) = (\vec{c} \times \vec{d}) \cdot (\vec{a} \times \vec{b})$$

$$= |\vec{c} \times \vec{d}, \vec{a}, \vec{b}| = |\vec{a}, \vec{b}, \vec{c} \times \vec{d}|$$

$$= \vec{a} \cdot \{\vec{b} \times (\vec{c} \times \vec{d})\} = \vec{a} \cdot \{(\vec{b} \cdot \vec{d})\vec{c} - (\vec{b} \cdot \vec{c})\vec{d}\}$$

$$= (\vec{a} \cdot \vec{c})(\vec{b} \cdot \vec{d}) - (\vec{a} \cdot \vec{d})(\vec{b} \cdot \vec{c})$$

となります。

　$(\vec{a} \times \vec{b}) \cdot (\vec{c} \times \vec{d})$ は，次の図の 2 つの平行四辺形の面積 $|\vec{a} \times \vec{b}|$，$|\vec{c} \times \vec{d}|$ において，一方を他方に射影したものとの積を表しています。

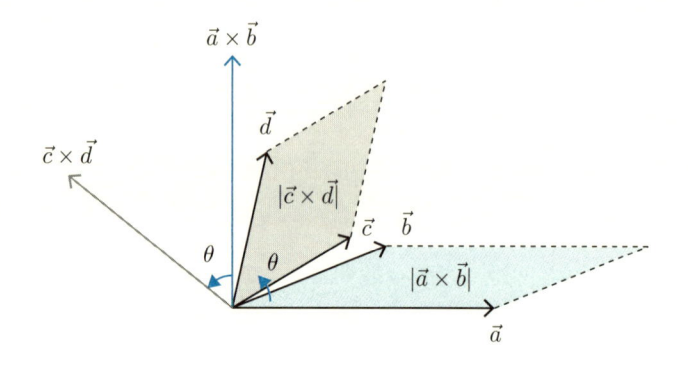

(vii) の説明

（v）で $\vec{a}$ を $\vec{a} \times \vec{b}$ に，$\vec{b}$ を $\vec{c}$ に，$\vec{c}$ を $\vec{d}$ に書き換えれば，(iv) より

$$(\vec{a} \times \vec{b}) \times (\vec{c} \times \vec{d}) = \{(\vec{a} \times \vec{b}) \cdot \vec{d}\}\vec{c} - \{(\vec{a} \times \vec{b}) \cdot \vec{c}\}\vec{d}$$

$$= |\vec{a}, \vec{b}, \vec{d}|\vec{c} - |\vec{a}, \vec{b}, \vec{c}|\vec{d}$$

となります。

2 行目の式の形から $(\vec{a} \times \vec{b}) \times (\vec{c} \times \vec{d})$ は $\vec{cd}$ 平面上にあります。同様に $\vec{ab}$ 平面上にもあり，2 つの平面の交線上にあります。

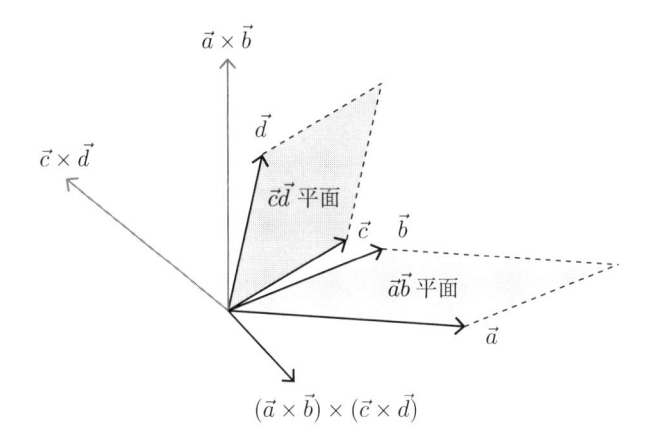

(viii) の説明

$\vec{a}$ と $\vec{b}$ のなす角を θ とすると，

$$(\vec{a} \cdot \vec{b})^2 + |\vec{a} \times \vec{b}|^2 = |\vec{a}|^2|\vec{b}|^2\cos^2\theta + |\vec{a}|^2|\vec{b}|^2\sin^2\theta$$

$$= |\vec{a}|^2|\vec{b}|^2$$

となります。$\cos\theta = \dfrac{\vec{a} \cdot \vec{b}}{|\vec{a}||\vec{b}|}$, $\sin\theta = \dfrac{|\vec{a} \times \vec{b}|}{|\vec{a}||\vec{b}|}$ は次の図のように
なります。

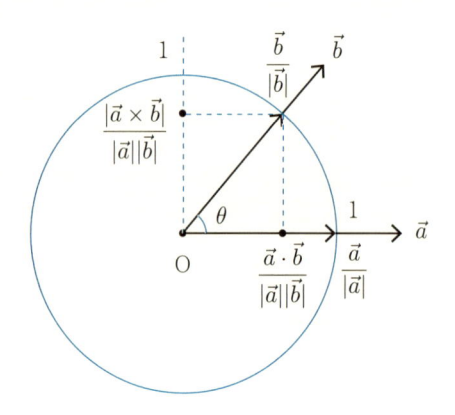

(ix) の説明

（ⅴ）より，

$$\vec{a} \times (\vec{b} \times \vec{c}) + \vec{b} \times (\vec{c} \times \vec{a}) + \vec{c} \times (\vec{a} \times \vec{b})$$

$$= (\vec{a} \cdot \vec{c})\vec{b} - (\vec{a} \cdot \vec{b})\vec{c} + (\vec{b} \cdot \vec{a})\vec{c} - (\vec{b} \cdot \vec{c})\vec{a} + (\vec{c} \cdot \vec{b})\vec{a} - (\vec{c} \cdot \vec{a})\vec{b}$$

$$= \vec{0}$$

となります。

　重要な公式には各側面による解釈ができ，それを知ることで理解が深まります。(ix) を静力学を用いて説明してみます。重力がない宇宙空間に，$\vec{a}$, $\vec{b}$, $\vec{c}$ でできる四面体を静止させて置きます。表面は硬い板でできていて，内部には空気があり，表面の板を内部から押しています。重力がないので，四面体は動き出したり回転したりせずに，静止したままです。なぜなら，動き出せばそこからエネルギーを取り出し，永久機関が作れることになって不合理だからです。

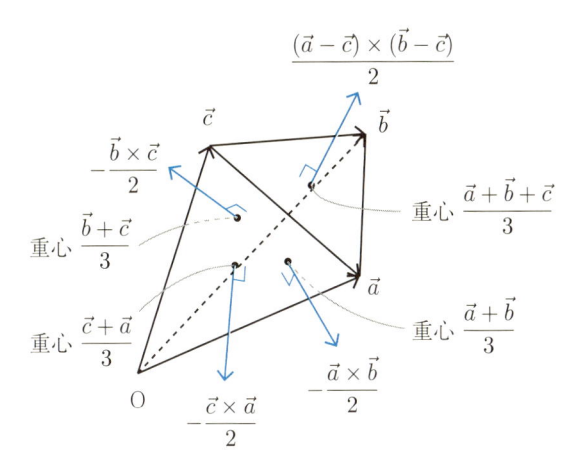

$\vec{a}$, $\vec{b}$ でできる三角形の板に注目します。面積は $\left|\dfrac{\vec{a} \times \vec{b}}{2}\right|$ です。内部の空気から均等に力を受け，面積 1 当たり 1 の圧力を受けるとします。すると，三角形の板全体では大きさ $\left|\dfrac{\vec{a} \times \vec{b}}{2}\right|$ の力を面の重心 $\dfrac{\vec{a} + \vec{b}}{3}$ に受けます。向きは面と垂直で，力は $-\dfrac{\vec{a} \times \vec{b}}{2}$ となります。他の面についても同様に考えます。

四面体は静止しているので，外力はつりあい，外力の和は $\vec{0}$ になります。

$$\frac{(\vec{a} - \vec{c}) \times (\vec{b} - \vec{c})}{2} - \frac{\vec{a} \times \vec{b}}{2} - \frac{\vec{b} \times \vec{c}}{2} - \frac{\vec{c} \times \vec{a}}{2} = \vec{0} \quad \text{より，}$$
$$(\vec{a} - \vec{c}) \times (\vec{b} - \vec{c}) = \vec{a} \times \vec{b} + \vec{b} \times \vec{c} + \vec{c} \times \vec{a}$$

また，モーメントの和は $\vec{0}$ になります。（力の作用点までの位置ベクトル）と（力を表すベクトル）の外積の和を考えると，

$$\frac{\vec{a}+\vec{b}}{3} \times \left(-\frac{\vec{a}\times\vec{b}}{2}\right) + \frac{\vec{b}+\vec{c}}{3} \times \left(-\frac{\vec{b}\times\vec{c}}{2}\right) + \frac{\vec{c}+\vec{a}}{3} \times \left(-\frac{\vec{c}\times\vec{a}}{2}\right)$$

$$+ \frac{\vec{a}+\vec{b}+\vec{c}}{3} \times \frac{(\vec{a}-\vec{c})\times(\vec{b}-\vec{c})}{2} = \vec{0}$$

$$(\vec{a}+\vec{b}+\vec{c}) \times \{(\vec{a}-\vec{c})\times(\vec{b}-\vec{c})\}$$
$$= (\vec{a}+\vec{b}) \times (\vec{a}\times\vec{b}) + (\vec{b}+\vec{c}) \times (\vec{b}\times\vec{c}) + (\vec{c}+\vec{a}) \times (\vec{c}\times\vec{a})$$

$$(\vec{a}+\vec{b}+\vec{c}) \times (\vec{a}\times\vec{b}+\vec{b}\times\vec{c}+\vec{c}\times\vec{a})$$
$$= \vec{a}\times(\vec{a}\times\vec{b}) + \vec{b}\times(\vec{a}\times\vec{b}) + \vec{b}\times(\vec{b}\times\vec{c})$$
$$+ \vec{c}\times(\vec{b}\times\vec{c}) + \vec{c}\times(\vec{c}\times\vec{a}) + \vec{a}\times(\vec{c}\times\vec{a})$$

より，$\vec{a}\times(\vec{b}\times\vec{c}) + \vec{b}\times(\vec{c}\times\vec{a}) + \vec{c}\times(\vec{a}\times\vec{b}) = \vec{0}$ となります。

5.7 節では，これらのベクトルの性質を用いて正多面体の体積を求めます。

4.6 四平方の定理で空間三角形の面積を求める

　静力学とベクトルを利用して，空間三角形の面積を求めてみます。ただし，鋭角三角形です。先ほど考えた空気が入った四面体を3直角四面体にして，次の図のように xyz 座標をとります。直角を含まない三角形の板の面積を S とし，面積1当たり1の圧力を受けるとします。すると，板全体では大きさ S の力を面の重心に受けます。向きは面と垂直です。その力を $\vec{S}$ とします。同様に，xy 平面にある直角三角形の板の面積を S_1 とし，内部の空気から板全体が受ける力を $\vec{S_1}$ とすると，$\vec{S_1}$ の大きさは面積 S_1 で，向きは z 軸負方向なので，$\vec{S_1} = \begin{pmatrix} 0 \\ 0 \\ -S_1 \end{pmatrix}$ となります。$\vec{S_2}$，$\vec{S_3}$ も同様です。

　3直角四面体は静止しているので，外力はつりあい，外力の和は $\vec{0}$ になります。

$$\vec{S} + \vec{S_1} + \vec{S_2} + \vec{S_3} = \vec{0}$$

$$\vec{S} = -\vec{S_1} - \vec{S_2} - \vec{S_3}$$

$$= -\begin{pmatrix} 0 \\ 0 \\ -S_1 \end{pmatrix} - \begin{pmatrix} -S_2 \\ 0 \\ 0 \end{pmatrix} - \begin{pmatrix} 0 \\ -S_3 \\ 0 \end{pmatrix} = \begin{pmatrix} S_2 \\ S_3 \\ S_1 \end{pmatrix}$$

　両辺の大きさの2乗を考えると，次の式が成り立ちます。

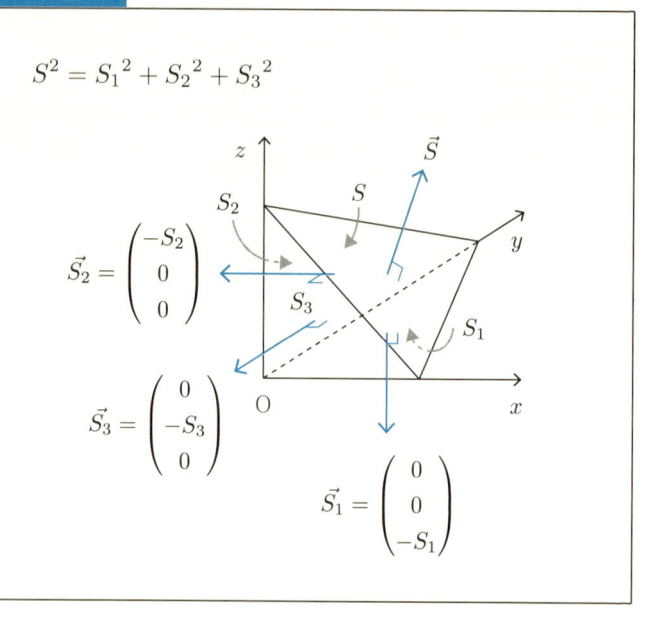

$$S^2 = S_1{}^2 + S_2{}^2 + S_3{}^2$$

$$\vec{S_2} = \begin{pmatrix} -S_2 \\ 0 \\ 0 \end{pmatrix}$$

$$\vec{S_3} = \begin{pmatrix} 0 \\ -S_3 \\ 0 \end{pmatrix}$$

$$\vec{S_1} = \begin{pmatrix} 0 \\ 0 \\ -S_1 \end{pmatrix}$$

　3 直角四面体の 4 つの面積の関係式です。S を xy 平面，yz 平面，zx 平面に射影した面積 S_1，S_2，S_3 から空間三角形の面積 S が求められるのです。これを俗に**四平方の定理**といいます。三平方の定理（ピタゴラスの定理）の拡張とみなすことができて面白いですね。

第5章

行列式で
面積・体積を求める

5.1 行列式

第4章ではベクトルの内積や外積を用いて面積・体積を求めました。外積は3次元ベクトルでのみ定義される概念です。第5章では一般の次元でも定義される行列式を使って，面積・体積を求めていきます。

図のように2つのベクトル $\vec{a} = \begin{pmatrix} a \\ c \end{pmatrix}$，$\vec{b} = \begin{pmatrix} b \\ d \end{pmatrix}$ でできる平行四辺形の面積 S を $S = |\vec{a}, \vec{b}| = \begin{vmatrix} a & b \\ c & d \end{vmatrix}$ と書くことにします。これは**行列式**と呼ばれます。通常の本では行列を先に定義してから行列式を考えるのですが，歴史的には行列式が先に考えられました。本書では行列式を面積・体積としてイメージ的に捉えます。

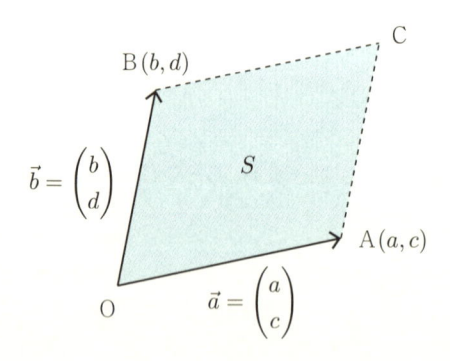

平行四辺形

　例えば，下図のように 2 つのベクトルでできる平行四辺形（長方形）の面積は，$\begin{vmatrix} 1 & 0 \\ 0 & 1 \end{vmatrix} = 1$，$\begin{vmatrix} 1 & 0 \\ 0 & 0.5 \end{vmatrix} = 0.5$，$\begin{vmatrix} 1 & 0 \\ 0 & 0 \end{vmatrix} = 0$ です。では，$\begin{vmatrix} 1 & 0 \\ 0 & -1 \end{vmatrix}$ はどうなるでしょうか？　$\vec{b}$ の y 成分が $1 \rightarrow 0.5 \rightarrow 0 \rightarrow -1$ とだんだん変わっていくように，面積も $1 \rightarrow 0.5 \rightarrow 0 \rightarrow -1$ となると考えると，のちに都合がよくなります。

$$\begin{vmatrix} 1 & 0 \\ 0 & 1 \end{vmatrix} = 1 \qquad \begin{vmatrix} 1 & 0 \\ 0 & 0.5 \end{vmatrix} = 0.5 \qquad \begin{vmatrix} 1 & 0 \\ 0 & 0 \end{vmatrix} = 0 \qquad \begin{vmatrix} 1 & 0 \\ 0 & -1 \end{vmatrix} = ?$$

　実際，$\begin{vmatrix} 1 & 0 \\ 0 & -1 \end{vmatrix} = -1$ のように面積を負とします。単に「面積」といっても，場合により正の面積だけを考えることもあれば，負の面積を考えることもあります。混乱しそうな場合，負の面積を

考えるときは「符号付き面積」ということもあります。正の面積の図形を表向き，負の面積の図形を裏向きと考えるとわかりやすいです。上図の面積 $\begin{vmatrix} 1 & 0 \\ 0 & 1 \end{vmatrix}$ と $\begin{vmatrix} 1 & 0 \\ 0 & -1 \end{vmatrix}$ の図形を比べると，同じ正方形 OACB をパタンとひっくり返したようになっているからです。

面積の正負の判断は次のようにします。$\vec{a} = \overrightarrow{\text{OA}}$, $\vec{b} = \overrightarrow{\text{OB}}$, $\vec{a} + \vec{b} = \overrightarrow{\text{OC}}$ としておきます。下図のように，$\vec{a}$, $\vec{b}$ でできる平行四辺形 OACB において，$\vec{a}$ を $\vec{b}$ に最短角度で重ねようとするとき，反時計周りに回すことになれば，面積 $S = |\vec{a}, \vec{b}|$ は正となります。また，平行四辺形 OACB の内部をサッカー場に見立て，周囲をジョギングする際のトラックに見立てます。O→A→C→B と平行四辺形の周囲を一周するとき，内部の領域を左手に見ることになれば，面積 $S = |\vec{a}, \vec{b}|$ は正となります。通常ジョギングする順番と同じです。

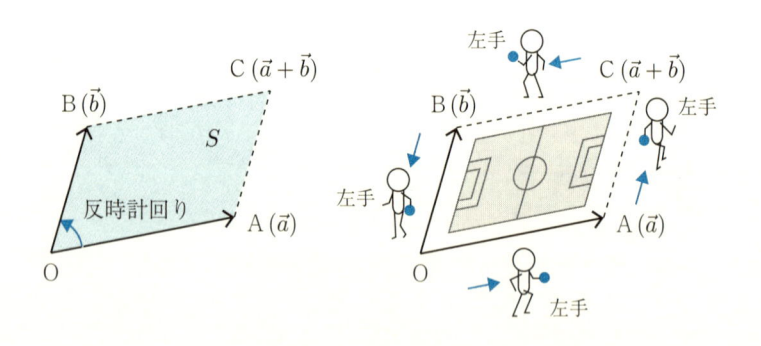

$$S = |\vec{a}, \vec{b}| > 0$$

　次に，下図のように，$\vec{a}$，$\vec{b}$ でできる平行四辺形 OACB におい
て，$\vec{a}$ を $\vec{b}$ に最短角度で重ねようとするとき，時計周りに回すこ
とになれば，面積 $S = |\vec{a}, \vec{b}|$ は負となります。また，先ほどと同
様に，平行四辺形 OACB の内部をサッカー場に見立て，周囲を
ジョギングする際のトラックに見立てます。O→A→C→B と平
行四辺形の周囲を一周するとき，内部の領域を右手に見ることに
なれば，面積 $S = |\vec{a}, \vec{b}|$ は負となります。通常ジョギングする順
番と反対です。

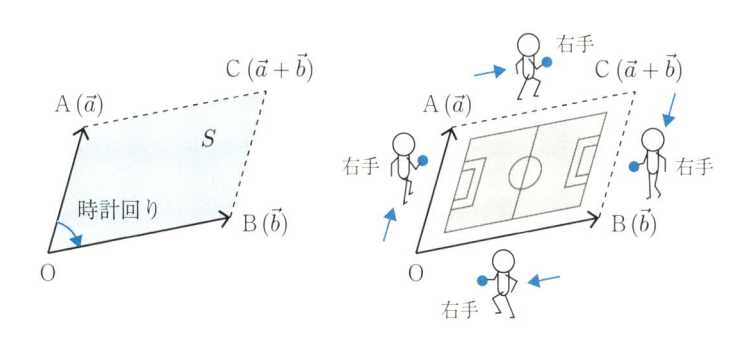

$$S = |\vec{a}, \vec{b}| < 0$$

5.2 行列式の変形で面積を求める

$\vec{a} = \begin{pmatrix} a \\ c \end{pmatrix}$, $\vec{b} = \begin{pmatrix} b \\ d \end{pmatrix}$ でできる平行四辺形の符号付き面積

$S = |\vec{a}, \vec{b}| = \begin{vmatrix} a & b \\ c & d \end{vmatrix}$ の値を求めてみましょう。なお，面積は 0 でないものとします。

平行四辺形の形を，1 辺の長さが 1 の単位正方形の形になるように，4 ステップに分けて変形していきます。このとき，**平行四辺形の形の変化にともなって，行列式の形も変化**していきます。

(ⅰ) まず図のように，$\overrightarrow{OA}$ を実数倍して，$\overrightarrow{OD}$ にします。つまり，$\overrightarrow{OA} = \vec{a} = \begin{pmatrix} a \\ c \end{pmatrix}$ を $\overrightarrow{OD} = \dfrac{1}{a}\vec{a} = \dfrac{1}{a}\begin{pmatrix} a \\ c \end{pmatrix} = \begin{pmatrix} 1 \\ \frac{c}{a} \end{pmatrix}$ にし，$\overrightarrow{OB}$ はそのままにすることで，平行四辺形 OACB を平行四辺形 ODEB に変形します。面積は $\dfrac{1}{a}$ 倍になるので，

$$S = (\text{平行四辺形 OACB}) = a(\text{平行四辺形 ODEB})$$

となります。行列式では，

$$S = \begin{vmatrix} a & b \\ c & d \end{vmatrix} = a \begin{vmatrix} 1 & b \\ \frac{c}{a} & d \end{vmatrix}$$

となります。この変形で行列式の左上成分を 1 にすることができました。

この変形は $a \neq 0$ のときに限るのですが，$a = 0$ であれば，面

積の符号を変えて，

$$S = (\text{平行四辺形 OACB}) = -(\text{平行四辺形 OBCA})$$

としておきます。行列式で，

$$S = \begin{vmatrix} 0 & b \\ c & d \end{vmatrix} = - \begin{vmatrix} b & 0 \\ d & c \end{vmatrix}$$

としておくのです。ここでもし $b = 0$ でもあれば，$\vec{a}$ と $\vec{b}$ は平行になり，面積は 0 となって前提と矛盾するので，$b \neq 0$ です。つまり，行列式の左上成分を 0 でないものにでき，先ほどの変形で，それが 1 になるように変形できます。

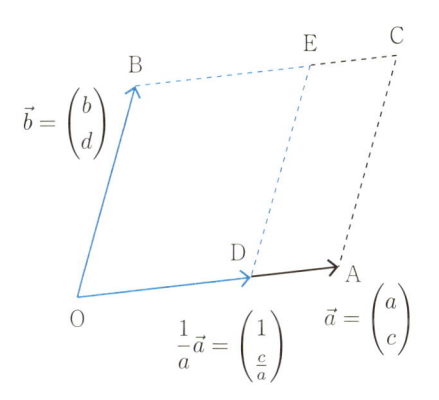

平行四辺形 OACB を平行四辺形 ODEB に変形

(ii)　次に図のように，頂点 B を $\overrightarrow{\text{OD}}$ と平行にずらして，$\overrightarrow{\text{OB}}$ を $\overrightarrow{\text{OG}}$ にします。つまり，$\overrightarrow{\text{OB}} = \vec{b} = \begin{pmatrix} b \\ d \end{pmatrix}$ を $\overrightarrow{\text{OG}} = \overrightarrow{\text{OB}} - b\overrightarrow{\text{OD}} =$

$$\vec{b} - b \cdot \frac{1}{a}\vec{a} = \begin{pmatrix} b \\ d \end{pmatrix} - b \begin{pmatrix} 1 \\ \frac{c}{a} \end{pmatrix} = \begin{pmatrix} 0 \\ d - \frac{bc}{a} \end{pmatrix}$$ にし，$\overrightarrow{\mathrm{OD}}$ はそのま まにすることで，平行四辺形 ODEB を平行四辺形 ODFG に変形 します。$\overrightarrow{\mathrm{OD}}$ を底辺とすると高さは変わらないので，面積も変わ らず，

$$S = (\text{平行四辺形 OACB}) = a(\text{平行四辺形 ODEB})$$
$$= a(\text{平行四辺形 ODFG})$$

となります。行列式では，

$$S = \begin{vmatrix} a & b \\ c & d \end{vmatrix} = a \begin{vmatrix} 1 & b \\ \frac{c}{a} & d \end{vmatrix} = a \begin{vmatrix} 1 & 0 \\ \frac{c}{a} & d - \frac{bc}{a} \end{vmatrix}$$

となります。この変形で行列式の右上成分を 0 にすることができ ました。

　行列式の縦横に並んだ数字のうち，横を行と呼び，上から順に 第 1 行，第 2 行といいます。縦を列と呼び，左から順に第 1 列， 第 2 列といいます。また，例えば右上の数字を第 1 行第 2 列成 分といいます。行，列の順に示して $(1, 2)$ 成分ということもあり ます。このステップで行った変形は，行列式の第 2 列に第 1 列の $-b$ 倍を足しても，値は変わらないことを意味します。

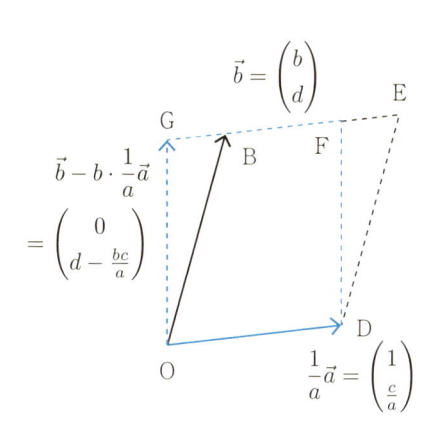

平行四辺形 ODEB を平行四辺形 ODFG に変形

(iii)　さらに図のように，$\overrightarrow{\text{OG}}$ を実数倍して，$\overrightarrow{\text{OI}}$ にします。つまり，$\overrightarrow{\text{OG}} = \begin{pmatrix} 0 \\ d - \frac{bc}{a} \end{pmatrix} = \begin{pmatrix} 0 \\ \frac{ad-bc}{a} \end{pmatrix}$ を $\overrightarrow{\text{OI}} = \dfrac{a}{ad-bc}\overrightarrow{\text{OG}} = \begin{pmatrix} 0 \\ 1 \end{pmatrix}$ にし，$\overrightarrow{\text{OD}}$ はそのままにすることで，平行四辺形 ODFG を平行四辺形 ODHI に変形します。面積は $\dfrac{a}{ad-bc}$ 倍になるので，

$$S = (\text{平行四辺形 OACB}) = a(\text{平行四辺形 ODEB})$$

$$= a(\text{平行四辺形 ODFG}) = a \cdot \frac{ad-bc}{a}(\text{平行四辺形 ODHI})$$

となります。行列式では，

$$S = \begin{vmatrix} a & b \\ c & d \end{vmatrix} = a\begin{vmatrix} 1 & b \\ \frac{c}{a} & d \end{vmatrix} = a\begin{vmatrix} 1 & 0 \\ \frac{c}{a} & d - \frac{bc}{a} \end{vmatrix}$$

$$= a \cdot \frac{ad-bc}{a}\begin{vmatrix} 1 & 0 \\ \frac{c}{a} & 1 \end{vmatrix}$$

となります。この変形で行列式の右下成分を 1 にすることができ

ました。

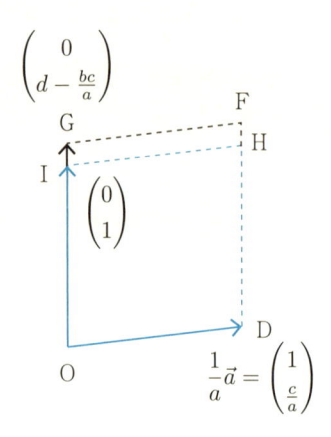

平行四辺形 ODFG を平行四辺形 ODHI に変形

(iv) 最後に図のように，頂点 D を $\overrightarrow{\mathrm{OI}}$ と平行にずらして，$\overrightarrow{\mathrm{OD}}$ を $\overrightarrow{\mathrm{OJ}}$ にします。つまり，$\overrightarrow{\mathrm{OD}} = \dfrac{1}{a}\vec{a} = \begin{pmatrix} 1 \\ \frac{c}{a} \end{pmatrix}$ を $\overrightarrow{\mathrm{OJ}} = \overrightarrow{\mathrm{OD}} - \dfrac{c}{a}\overrightarrow{\mathrm{OI}} = \begin{pmatrix} 1 \\ \frac{c}{a} \end{pmatrix} - \dfrac{c}{a}\begin{pmatrix} 0 \\ 1 \end{pmatrix} = \begin{pmatrix} 1 \\ 0 \end{pmatrix}$ にし，$\overrightarrow{\mathrm{OI}}$ はそのままにすることで，平行四辺形 ODHI を平行四辺形 OJKI に変形します。$\overrightarrow{\mathrm{OI}}$ を底辺とすると高さは変わらないので，面積も変わらず，

$$S = (\text{平行四辺形 OACB}) = a(\text{平行四辺形 ODEB})$$

$$= a(\text{平行四辺形 ODFG}) = a \cdot \dfrac{ad - bc}{a}(\text{平行四辺形 ODHI})$$

$$= (ad - bc)(\text{平行四辺形 OJKI}) = ad - bc$$

となります。行列式では，

$$S = \begin{vmatrix} a & b \\ c & d \end{vmatrix} = a \begin{vmatrix} 1 & b \\ \frac{c}{a} & d \end{vmatrix} = a \begin{vmatrix} 1 & 0 \\ \frac{c}{a} & d - \frac{bc}{a} \end{vmatrix}$$

$$= a \cdot \frac{ad - bc}{a} \begin{vmatrix} 1 & 0 \\ \frac{c}{a} & 1 \end{vmatrix} = (ad - bc) \begin{vmatrix} 1 & 0 \\ 0 & 1 \end{vmatrix} = ad - bc$$

となります。この変形で行列式の左下成分を 0 にすることができました。

　この変形では，行列式の第 1 列に第 2 列の $-\dfrac{c}{a}$ 倍を足しても，値は変わらないことを意味します。平行四辺形 OJKI は 1 辺の長さが 1 の単位正方形なので，面積は $\begin{vmatrix} 1 & 0 \\ 0 & 1 \end{vmatrix} = 1$ となり，平行四辺形 OACB の面積 S を求めることができました。

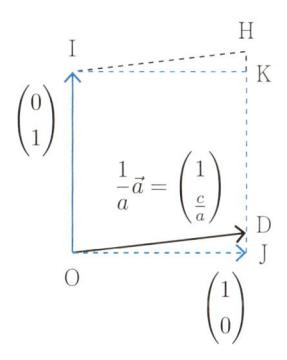

平行四辺形 ODHI を平行四辺形 OJKI（単位正方形）に変形

5.3 行列式の性質で体積を求める

前節では平面上の平行四辺形の符号付き面積をベクトルの成分で表しました。本節では空間にある平行六面体の符号付き体積を求めてみます。

図のように3つのベクトル $\vec{a} = \begin{pmatrix} a_1 \\ a_2 \\ a_3 \end{pmatrix}$, $\vec{b} = \begin{pmatrix} b_1 \\ b_2 \\ b_3 \end{pmatrix}$, $\vec{c} = \begin{pmatrix} c_1 \\ c_2 \\ c_3 \end{pmatrix}$ でできる平行六面体の体積 V を $V = |\vec{a}, \vec{b}, \vec{c}| = \begin{vmatrix} a_1 & b_1 & c_1 \\ a_2 & b_2 & c_2 \\ a_3 & b_3 & c_3 \end{vmatrix}$ と書くことにします。これは3次の行列式と呼ばれます。

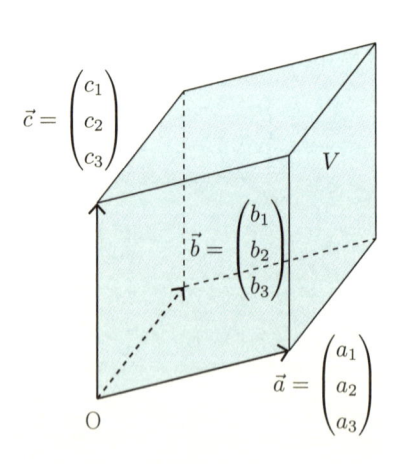

平行六面体

　体積の正負は次のようにして決めます。まず，$\begin{pmatrix} 1 \\ 0 \\ 0 \end{pmatrix}$，$\begin{pmatrix} 0 \\ 1 \\ 0 \end{pmatrix}$，$\begin{pmatrix} 0 \\ 0 \\ 1 \end{pmatrix}$ でできる単位立方体の体積を $\begin{vmatrix} 1 & 0 & 0 \\ 0 & 1 & 0 \\ 0 & 0 & 1 \end{vmatrix} = 1$ と約束します。

3 つのベクトルを図示するとき，右手の親指が $\begin{pmatrix} 1 \\ 0 \\ 0 \end{pmatrix}$，人差し指が $\begin{pmatrix} 0 \\ 1 \\ 0 \end{pmatrix}$，中指が $\begin{pmatrix} 0 \\ 0 \\ 1 \end{pmatrix}$ になるように描きます。これを右手系といいます。$\begin{pmatrix} 1 \\ 0 \\ 0 \end{pmatrix}$ が $\begin{pmatrix} 0 \\ 1 \\ 0 \end{pmatrix}$ に重なるように右ネジを 90° 回転させたとき，右ネジが進む向きが $\begin{pmatrix} 0 \\ 0 \\ 1 \end{pmatrix}$ になっています。

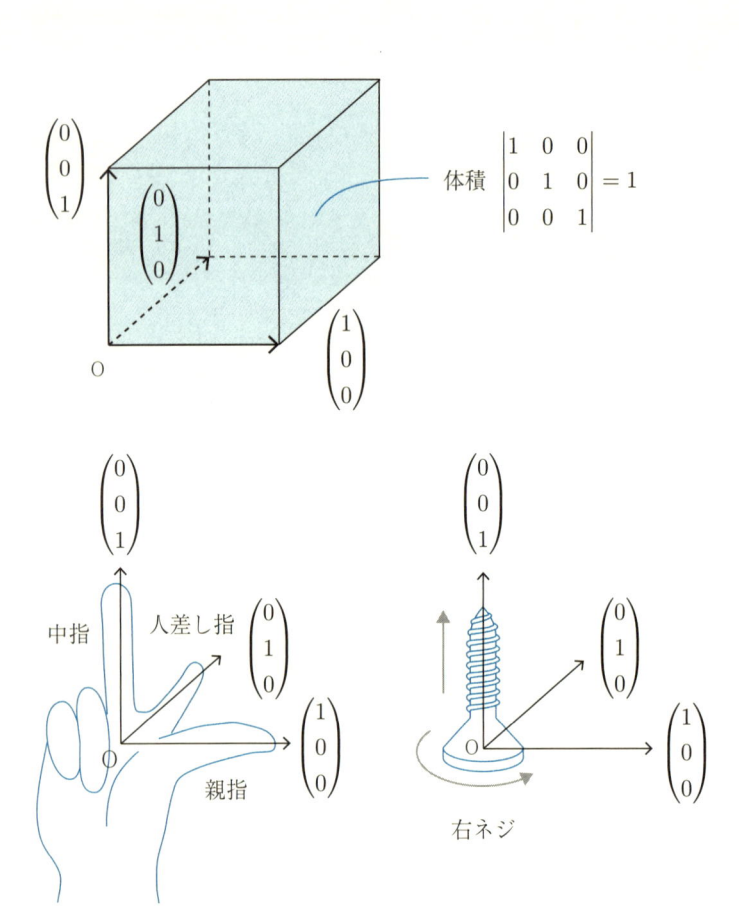

次に，例えば，$\begin{vmatrix} 1 & 0 & 0 \\ 0 & 1 & 0 \\ 0 & 0 & 1 \end{vmatrix} = 1$，$\begin{vmatrix} 1 & 0 & 0 \\ 0 & 1 & 0 \\ 0 & 0 & 0.5 \end{vmatrix} = 0.5$，$\begin{vmatrix} 1 & 0 & 0 \\ 0 & 1 & 0 \\ 0 & 0 & 0 \end{vmatrix} =$

0，$\begin{vmatrix} 1 & 0 & 0 \\ 0 & 1 & 0 \\ 0 & 0 & -1 \end{vmatrix} = -1$ のように，$\vec{c}$ の z 成分が $1 \rightarrow 0.5 \rightarrow 0 \rightarrow -1$

とだんだん変わっていくと，体積も $1 \to 0.5 \to 0 \to -1$ となると考えます。そしておおまかにいうと，$\vec{a} = \begin{pmatrix} a_1 \\ a_2 \\ a_3 \end{pmatrix}$, $\vec{b} = \begin{pmatrix} b_1 \\ b_2 \\ b_3 \end{pmatrix}$,

$\vec{c} = \begin{pmatrix} c_1 \\ c_2 \\ c_3 \end{pmatrix}$ でできる平行六面体を，各ベクトルを伸ばしたり，縮

めたり，動かしたりしながら徐々に変形し，$\begin{pmatrix} 1 \\ 0 \\ 0 \end{pmatrix}$, $\begin{pmatrix} 0 \\ 1 \\ 0 \end{pmatrix}$, $\begin{pmatrix} 0 \\ 0 \\ 1 \end{pmatrix}$

でできる単位立方体に変形したとき（ベクトルの順序も考慮する），体積 0 を経由しないで変形できれば，体積は正であると考えます。

　3 次の行列式を計算する際に使う性質を紹介します。

行列式の性質

（ⅰ）　$|\vec{a} + \vec{a}', \vec{b}, \vec{c}| = |\vec{a}, \vec{b}, \vec{c}| + |\vec{a}', \vec{b}, \vec{c}|$　　　（和の線形性）

（ⅱ）　$|k\vec{a}, \vec{b}, \vec{c}| = k|\vec{a}, \vec{b}, \vec{c}|$　　（k は実数）（実数倍の線形性）

（ⅲ）　$|\vec{b}, \vec{a}, \vec{c}| = -|\vec{a}, \vec{b}, \vec{c}|$　　　　　　　　　（交代性）

（ⅳ）　$|\vec{a} + k\vec{b}, \vec{b}, \vec{c}| = |\vec{a}, \vec{b}, \vec{c}|$

　　　　　　　　　　　　　（k は実数）（和と実数倍の線形性）

（ⅰ）～（ⅲ）の性質を用いて行列式を変形すれば n 次の行列式も計算できますが，実用的には (ⅳ) もよく使われます。

　$\vec{b}$ と $\vec{c}$ が重なって見えるような方向から眺めます。$\vec{a} + \vec{a'}$ の高さに相当する長さは，$\vec{a}$ と $\vec{a'}$ の高さに相当する長さの和になるので，$|\vec{a} + \vec{a'}, \vec{b}, \vec{c}| = |\vec{a}, \vec{b}, \vec{c}| + |\vec{a'}, \vec{b}, \vec{c}|$ となります。正確には，符号付き高さで考えます。負の高さや負の体積を考えてこそ整合性がとれます。ほかに，$|\vec{a}, \vec{b} + \vec{b'}, \vec{c}| = |\vec{a}, \vec{b}, \vec{c}| + |\vec{a}, \vec{b'}, \vec{c}|$ なども成り立ちます。

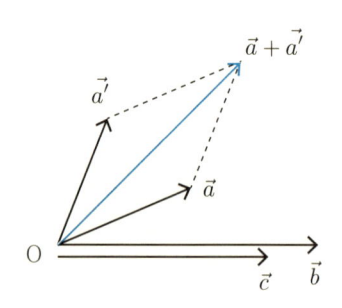

$\vec{b}$ と $\vec{c}$ が重なって見えるような方向から眺める

（ⅱ）の説明

　$\vec{b}$ と $\vec{c}$ が重なって見えるような方向から眺めます。$k\vec{a}$ の高さは $\vec{a}$ の高さの k 倍になるので，$|k\vec{a}, \vec{b}, \vec{c}| = k|\vec{a}, \vec{b}, \vec{c}|$ となります。

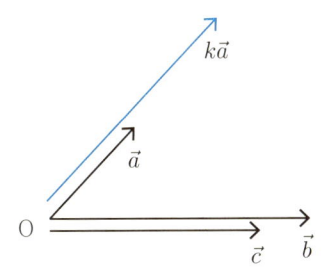

$\vec{b}$ と $\vec{c}$ が重なって見えるような方向から眺める

(iii) の説明

　$|\vec{b}, \vec{a}, \vec{c}| = -|\vec{a}, \vec{b}, \vec{c}|$ は，$\vec{a}$，$\vec{b}$，$\vec{c}$ でできる平行六面体において，ベクトルを書く順番を入れ替えれば体積の符号が変わるという意味なのですが，これは次のように解釈します。$\vec{a}, \vec{b}, \vec{c}$ でできる平行六面体において，平行移動や回転移動をしても体積は変わりません。そこで例えば，1番目のベクトル $\vec{a}$ が x 軸正の向きに一致するように移動します。さらに2番目のベクトル $\vec{b}$ が xy 平面の y 座標が正の部分に一致するように移動します。すると3番目のベクトル $\vec{c}$ は自動的に定まります。移動先を順に $f(\vec{a})$，$f(\vec{b})$，$f(\vec{c})$ とします。次に，$\vec{b}$，$\vec{a}$，$\vec{c}$ でできる平行六面体において，同様の移動をし，移動先を順に $g(\vec{b})$，$g(\vec{a})$，$g(\vec{c})$ とします。それぞれ次の図のようになり，2つの平行六面体の高さの符号は違うので，体積の符号も違うことがわかります。

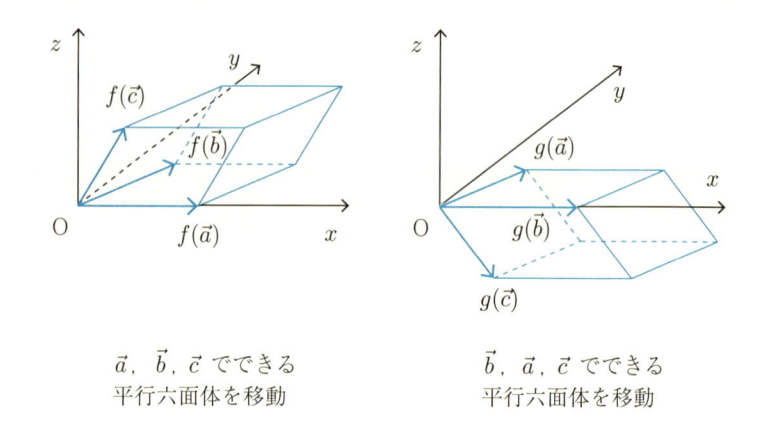

$\vec{a}$, $\vec{b}$, $\vec{c}$ でできる
平行六面体を移動

$\vec{b}$, $\vec{a}$, $\vec{c}$ でできる
平行六面体を移動

(iv) の説明

$\vec{b}$ と $\vec{c}$ が重なって見えるような方向から眺めます。$\vec{a}+k\vec{b}$ の高さは $\vec{a}$ の高さと同じなので，$|\vec{a}+k\vec{b},\vec{b},\vec{c}| = |\vec{a},\vec{b},\vec{c}|$ となります。

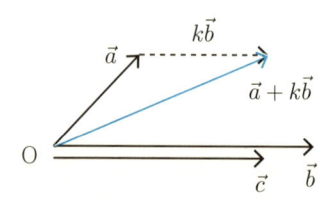

$\vec{b}$ と $\vec{c}$ が重なって見えるような方向から眺める

以上の**性質**を使えば，平行六面体の体積は，

$$\begin{vmatrix} a_1 & b_1 & c_1 \\ a_2 & b_2 & c_2 \\ a_3 & b_3 & c_3 \end{vmatrix}$$

$$= a_1 b_2 c_3 + a_2 b_3 c_1 + a_3 b_1 c_2 - a_1 b_3 c_2 - a_2 b_1 c_3 - a_3 b_2 c_1$$

となります（4.5 節も参照）。上の式をサラスの公式といい，次の模式図を参照して覚えることができます。

$$\begin{vmatrix} a_1 & b_1 & c_1 \\ a_2 & b_2 & c_2 \\ a_3 & b_3 & c_3 \end{vmatrix} \qquad \begin{vmatrix} a_1 & b_1 & c_1 \\ a_2 & b_2 & c_2 \\ a_3 & b_3 & c_3 \end{vmatrix}$$

$$\begin{matrix} a_1 & b_1 & c_1 \\ a_2 & b_2 & c_2 \end{matrix} \qquad \begin{matrix} a_1 & b_1 & c_1 \\ a_2 & b_2 & c_2 \end{matrix}$$

符号は ➕ 　　　　符号は ➖

模式図

ほかにも行列式の性質があります。

行列式の性質

$$(\text{v}) \quad \begin{vmatrix} a_1 + p & b_1 + q & c_1 + r \\ a_2 & b_2 & c_2 \\ a_3 & b_3 & c_3 \end{vmatrix}$$

$$= \begin{vmatrix} a_1 & b_1 & c_1 \\ a_2 & b_2 & c_2 \\ a_3 & b_3 & c_3 \end{vmatrix} + \begin{vmatrix} p & q & r \\ a_2 & b_2 & c_2 \\ a_3 & b_3 & c_3 \end{vmatrix} \qquad （和の線形性）$$

$$
\text{(vi)} \quad \begin{vmatrix} ka_1 & kb_1 & kc_1 \\ a_2 & b_2 & c_2 \\ a_3 & b_3 & c_3 \end{vmatrix} = k \begin{vmatrix} a_1 & b_1 & c_1 \\ a_2 & b_2 & c_2 \\ a_3 & b_3 & c_3 \end{vmatrix}
$$

（k は実数）（実数倍の線形性）

$$
\text{(vii)} \quad \begin{vmatrix} a_2 & b_2 & c_2 \\ a_1 & b_1 & c_1 \\ a_3 & b_3 & c_3 \end{vmatrix} = - \begin{vmatrix} a_1 & b_1 & c_1 \\ a_2 & b_2 & c_2 \\ a_3 & b_3 & c_3 \end{vmatrix}
$$

（交代性）

$$
\text{(viii)} \quad \begin{vmatrix} a_1 + ka_2 & b_1 + kb_2 & c_1 + kc_2 \\ a_2 & b_2 & c_2 \\ a_3 & b_3 & c_3 \end{vmatrix} = \begin{vmatrix} a_1 & b_1 & c_1 \\ a_2 & b_2 & c_2 \\ a_3 & b_3 & c_3 \end{vmatrix}
$$

（k は実数）（和と実数倍の線形性）

$$
\text{(ix)} \quad \begin{vmatrix} a_1 & a_2 & a_3 \\ b_1 & b_2 & b_3 \\ c_1 & c_2 & c_3 \end{vmatrix} = \begin{vmatrix} a_1 & b_1 & c_1 \\ a_2 & b_2 & c_2 \\ a_3 & b_3 & c_3 \end{vmatrix}
$$

（転置行列の行列式）

（ⅴ）〜(viii) はそれぞれ（ⅰ）〜(iv) の性質において，縦と横を入れ替えたものです。

（ⅴ）の説明

　図のように y 軸と z 軸が重なって見えるような方向から眺めます。平行六面体の体積 $V_1 = \begin{vmatrix} a_1 & b_1 & c_1 \\ a_2 & b_2 & c_2 \\ a_3 & b_3 & c_3 \end{vmatrix}$ の代わりに O を端点とする辺でできる三角錐の体積 $\dfrac{1}{6}V_1$ として表しています。平行六面体の体積 $V_2 = \begin{vmatrix} p & q & r \\ a_2 & b_2 & c_2 \\ a_3 & b_3 & c_3 \end{vmatrix}$ の代わりに O を端点とする辺でできる三角錐の体積 $\dfrac{1}{6}V_2$ として表しています。平行六面体

の体積 $V_3 = \begin{vmatrix} a_1 + p & b_1 + q & c_1 + r \\ a_2 & b_2 & c_2 \\ a_3 & b_3 & c_3 \end{vmatrix}$ の代わりに O を端点とす

る辺でできる三角錐の体積 $\dfrac{1}{6} V_3$ として表しています。工事現場などにある三角コーンを重ねたイメージです。

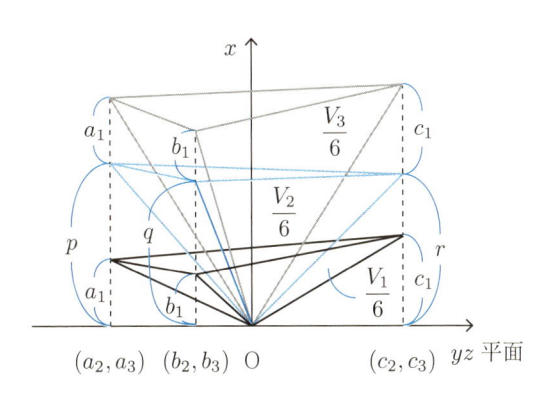

y 軸と z 軸が重なって見えるような方向から眺める

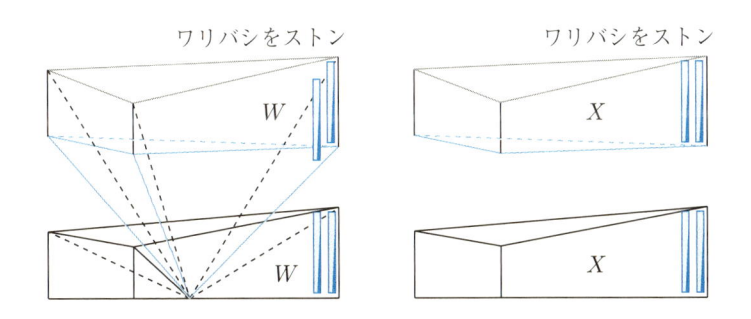

$\dfrac{1}{6} V_3$ と $\dfrac{1}{6} V_2$ の三角錐の側面どうしで囲まれたスキマの体積を

W とします。W の内部空間に，x 軸に平行になるようにたくさんのワリバシ（長さは異なる）がつめられているとして，それらを yz 平面にストンと落とすことをイメージしてください。すると，$\frac{1}{6}V_1$ の三角錐の側面と yz 平面で囲まれたスキマの体積も W となることがわかります。また，$\frac{1}{6}V_3$ と $\frac{1}{6}V_2$ の三角錐の底面どうしで囲まれた柱体形の体積を X とします。X の内部空間に，x 軸に平行になるようにたくさんのワリバシ（長さは異なる）がつめられているとして，それらを yz 平面にストンと落とすことをイメージしてください。

すると，$\frac{1}{6}V_1$ の三角錐の底面と yz 平面で囲まれたスキマの体積も X となることがわかります。

$$\frac{1}{6}V_3 = \frac{1}{6}V_2 + X - W = \frac{1}{6}V_2 + \frac{1}{6}V_1 \ \text{より，} \ \ V_3 = V_1 + V_2$$

したがって，

$$\begin{vmatrix} a_1+p & b_1+q & c_1+r \\ a_2 & b_2 & c_2 \\ a_3 & b_3 & c_3 \end{vmatrix} = \begin{vmatrix} a_1 & b_1 & c_1 \\ a_2 & b_2 & c_2 \\ a_3 & b_3 & c_3 \end{vmatrix} + \begin{vmatrix} p & q & r \\ a_2 & b_2 & c_2 \\ a_3 & b_3 & c_3 \end{vmatrix}$$

となります。

(vi) の説明

図のように y 軸と z 軸が重なって見えるような方向から眺めます。三角錐の 3 頂点の x 成分を k 倍すると，体積も k 倍されます。

したがって，$\begin{vmatrix} ka_1 & kb_1 & kc_1 \\ a_2 & b_2 & c_2 \\ a_3 & b_3 & c_3 \end{vmatrix} = k \begin{vmatrix} a_1 & b_1 & c_1 \\ a_2 & b_2 & c_2 \\ a_3 & b_3 & c_3 \end{vmatrix}$ となります。

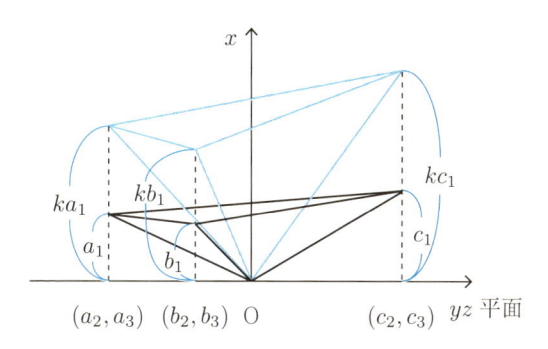

y 軸と z 軸が重なって見えるような方向から眺める

(vii) の説明

$\begin{vmatrix} a_2 & b_2 & c_2 \\ a_1 & b_1 & c_1 \\ a_3 & b_3 & c_3 \end{vmatrix} = - \begin{vmatrix} a_1 & b_1 & c_1 \\ a_2 & b_2 & c_2 \\ a_3 & b_3 & c_3 \end{vmatrix}$ は次のように解釈します。x

成分と y 成分を逆にするということは，平面 $x = y$ に関して対

称移動することになります。ある 1 つの面と対称な面が重なるよ

うに回転させると，2 つの平行六面体の高さの符号は違うので，

体積の符号も違うことがわかります。

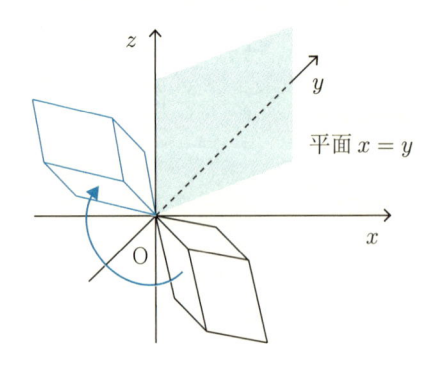

2つの平行六面体は平面 $x = y$ に関して対称

(viii) の説明

(v) の図で，$p = ka_2$, $q = kb_2$, $r = kc_2$ の場合に相当します。$\frac{1}{6}V_2$ の三角錐の底面の 3 頂点と O は平面 $x = ky$ 上にあることから，つぶれて $\frac{1}{6}V_2 = 0$ になるため，(v) の $V_3 = V_1 + V_2$ という式は $V_3 = V_1$ となります。

したがって，
$$
\begin{vmatrix} a_1 + ka_2 & b_1 + kb_2 & c_1 + kc_2 \\ a_2 & b_2 & c_2 \\ a_3 & b_3 & c_3 \end{vmatrix} = \begin{vmatrix} a_1 & b_1 & c_1 \\ a_2 & b_2 & c_2 \\ a_3 & b_3 & c_3 \end{vmatrix}
$$
となります。

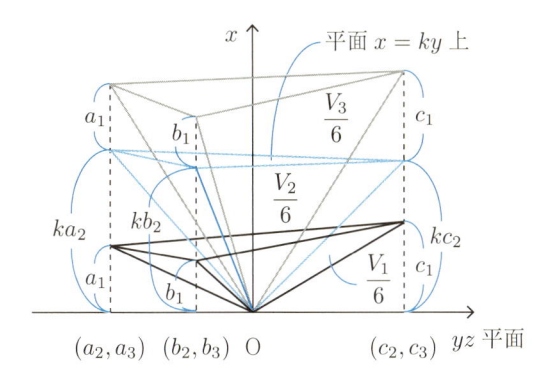

y 軸と z 軸が重なって見えるような方向から眺める

(ix) の説明

$\begin{vmatrix} a_1 & a_2 & a_3 \\ b_1 & b_2 & b_3 \\ c_1 & c_2 & c_3 \end{vmatrix}$ を (i)～(iv) の性質を用いて $\begin{vmatrix} 1 & 0 & 0 \\ 0 & 1 & 0 \\ 0 & 0 & 1 \end{vmatrix}$ に変形

できます。その変形の縦と横を入れ替えると，$\begin{vmatrix} a_1 & b_1 & c_1 \\ a_2 & b_2 & c_2 \\ a_3 & b_3 & c_3 \end{vmatrix}$ を

(v)～(viii) の性質を用いて $\begin{vmatrix} 1 & 0 & 0 \\ 0 & 1 & 0 \\ 0 & 0 & 1 \end{vmatrix}$ に変形することに相当しま

す。よって，$\begin{vmatrix} a_1 & a_2 & a_3 \\ b_1 & b_2 & b_3 \\ c_1 & c_2 & c_3 \end{vmatrix}$ と $\begin{vmatrix} a_1 & b_1 & c_1 \\ a_2 & b_2 & c_2 \\ a_3 & b_3 & c_3 \end{vmatrix}$ は同じ値になります。

$A = \begin{pmatrix} a_1 & b_1 & c_1 \\ a_2 & b_2 & c_2 \\ a_3 & b_3 & c_3 \end{pmatrix}$ と書くとき，行列といいます。横成分を

行といい，縦成分を列といいます。行と列を入れ替えたものを

転置行列といい，$A^{\mathrm{T}} = \begin{pmatrix} a_1 & a_2 & a_3 \\ b_1 & b_2 & b_3 \\ c_1 & c_2 & c_3 \end{pmatrix}$ と書きます。(ix) は，$|A^{\mathrm{T}}| = |A|$ となるということを意味します。

さらに，次の性質があります。

$$(\mathrm{x}) \quad \begin{vmatrix} a_1 & b_1 & c_1 \\ a_2 & b_2 & c_2 \\ a_3 & b_3 & c_3 \end{vmatrix}$$

$$= a_1 \begin{vmatrix} b_2 & c_2 \\ b_3 & c_3 \end{vmatrix} - a_2 \begin{vmatrix} b_1 & c_1 \\ b_3 & c_3 \end{vmatrix} + a_3 \begin{vmatrix} b_1 & c_1 \\ b_2 & c_2 \end{vmatrix}$$

（余因子展開）

右辺は，$a_1 \begin{vmatrix} b_2 & c_2 \\ b_3 & c_3 \end{vmatrix} + a_2 \begin{vmatrix} b_3 & c_3 \\ b_1 & c_1 \end{vmatrix} + a_3 \begin{vmatrix} b_1 & c_1 \\ b_2 & c_2 \end{vmatrix}$ と同じです。

4.5 節の (iv) の $|\vec{a}, \vec{b}, \vec{c}| = \vec{a} \cdot (\vec{b} \times \vec{c}) = \begin{pmatrix} a_1 \\ a_2 \\ a_3 \end{pmatrix} \cdot \begin{pmatrix} b_2 c_3 - b_3 c_2 \\ b_3 c_1 - b_1 c_3 \\ b_1 c_2 - b_2 c_1 \end{pmatrix}$

より成り立ちます。

（x）の式を第 1 列に関する余因子展開といいます。他の列や行に関する余因子展開もあります。

（x）の式を外積を使わないで表してみます。$\vec{b}$, $\vec{c}$ でできる平行四辺形の面積を S とし，それを xy 平面に射影した面積を S_{xy} のように表します。$\vec{S} = \vec{b} \times \vec{c}$ とおくと，$|\vec{S}| = S$ です。次の右図のように，xy 平面と $\vec{b}\vec{c}$ 平面がそれぞれ直線に見えるような方向

（xy 平面と $\vec{bc}$ 平面の交線方向）から眺めると，図のように直角三角形どうしの相似から，$\vec{S}$ の z 成分は S_{xy} となります。同様にして，$\vec{S} = \begin{pmatrix} S_{yz} \\ S_{zx} \\ S_{xy} \end{pmatrix}$ となります。（x）の式は，$|\vec{a}, \vec{b}, \vec{c}| = \vec{a} \cdot \begin{pmatrix} S_{yz} \\ S_{zx} \\ S_{xy} \end{pmatrix}$ と表されます。この形から，n 次の行列式での形を想像できます。

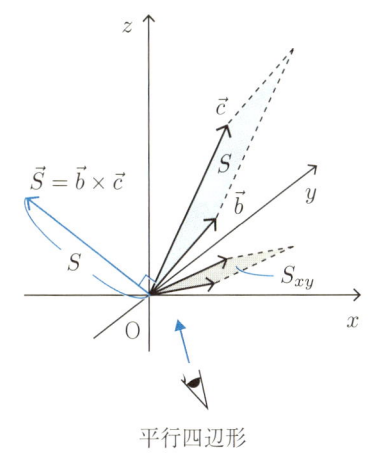

平行四辺形

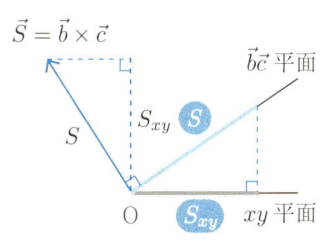

xy 平面と $\vec{bc}$ 平面が直線に見えるような方向から眺める

　ちなみに $|\vec{S}|^2$ を考えると，$S^2 = S_{xy}{}^2 + S_{yz}{}^2 + S_{zx}{}^2$ となります。言葉で書くと，「空間にある平行四辺形の面積の 2 乗 ＝各座標平面に射影した面積の 2 乗の和」となります。これは「平面にある線分の長さの 2 乗 ＝各軸に射影した長さの 2 乗の和」という事実の次元をあげたものです。

　特別な場合を考えると，3 直角四面体に対して四平方の定理を意味します（4.6 節参照）。3 次元を 2 次元にすると，直角三角形

に対して三平方の定理（ピタゴラスの定理）を意味します。

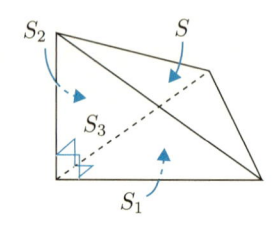

四平方の定理
$$S^2 = S_1{}^2 + S_2{}^2 + S_3{}^2$$

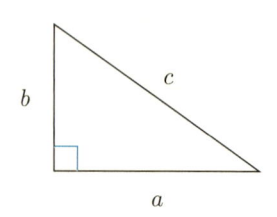

三平方の定理
$$c^2 = a^2 + b^2$$

　さらに，次の性質がありますが，まず行列の積の意味をじっくり説明していきます。

> (xi)　$|PA| = |P||A|$（A，P は行列）（行列の積の行列式）

(xi) の説明

　ここでは簡単のため 2 次元で考えます。次の図のように，xy 平面全体に格子状のゴム網をかけたとします。格子は，$\begin{pmatrix} 1 \\ 0 \end{pmatrix}$，$\begin{pmatrix} 0 \\ 1 \end{pmatrix}$ でできる単位正方形をもとにできています。ゴム網の原点を固定したまま，四方八方に斜め方向にひっぱったり，回転させたり，裏返したりします。ゴムの伸び方はどこでも同じで

す。そうすることで，$\begin{pmatrix} 1 \\ 0 \end{pmatrix}$, $\begin{pmatrix} 0 \\ 1 \end{pmatrix}$ でできる正方形が，$\begin{pmatrix} a \\ c \end{pmatrix}$, $\begin{pmatrix} b \\ d \end{pmatrix}$ でできる平行四辺形になったとします。すると，もとのゴム網のどの格子点においても，移動先がわかります。例えば，$\begin{pmatrix} 3 \\ 2 \end{pmatrix}$ の移動先を $\begin{pmatrix} a & b \\ c & d \end{pmatrix} \begin{pmatrix} 3 \\ 2 \end{pmatrix}$ と書くと，図のように $\begin{pmatrix} a & b \\ c & d \end{pmatrix} \begin{pmatrix} 3 \\ 2 \end{pmatrix} = \begin{pmatrix} 3a + 2b \\ 3c + 2d \end{pmatrix}$ となります。同様に，

$$x \text{倍} \quad \begin{pmatrix} a & b \\ c & d \end{pmatrix} \begin{pmatrix} 1 \\ 0 \end{pmatrix} = \begin{pmatrix} a \\ c \end{pmatrix} \qquad x \text{倍}$$

$$y \text{倍} \quad \begin{pmatrix} a & b \\ c & d \end{pmatrix} \begin{pmatrix} 0 \\ 1 \end{pmatrix} = \begin{pmatrix} b \\ d \end{pmatrix} \qquad y \text{倍}$$

$$\text{足す} \quad \begin{pmatrix} a & b \\ c & d \end{pmatrix} \begin{pmatrix} x \\ y \end{pmatrix} = \begin{pmatrix} ax + by \\ cx + dy \end{pmatrix} \qquad \text{足す}$$

となります。上の式の青線のように，移動元の $\begin{pmatrix} 1 \\ 0 \end{pmatrix}$, $\begin{pmatrix} 0 \\ 1 \end{pmatrix}$ の移動先が $\begin{pmatrix} a \\ c \end{pmatrix}$, $\begin{pmatrix} b \\ d \end{pmatrix}$ ということから，それぞれを x 倍，y 倍したものを足すことで，移動元の $\begin{pmatrix} x \\ y \end{pmatrix}$ の移動先が $\begin{pmatrix} ax + by \\ cx + dy \end{pmatrix}$ とわかるのです。

$A = \begin{pmatrix} a & b \\ c & d \end{pmatrix}$ とおくと，模式的には次の下左枠のようになります。ただし，都合上，2つのカッコを1つのカッコで書いています。このことは次の下右枠のように内積とみなすと計算しやすいです。

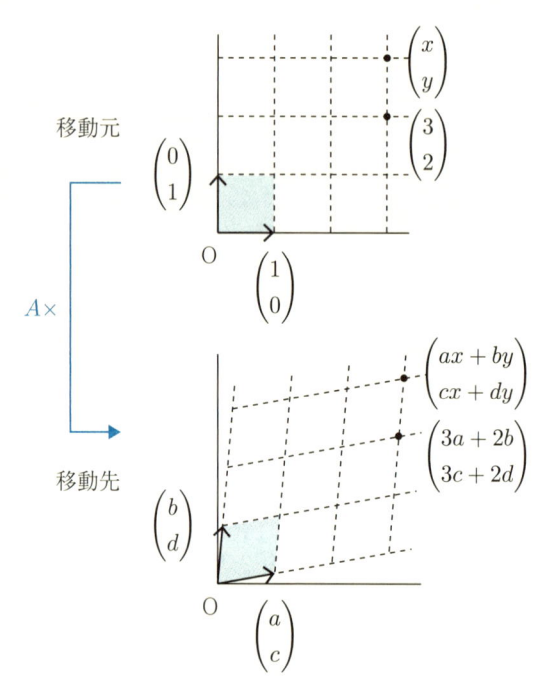

$$A\begin{pmatrix}1\\0\end{pmatrix}=\begin{pmatrix}a\\c\end{pmatrix},\quad A\begin{pmatrix}0\\1\end{pmatrix}=\begin{pmatrix}b\\d\end{pmatrix},\quad A\begin{pmatrix}x\\y\end{pmatrix}=\begin{pmatrix}ax+by\\cx+dy\end{pmatrix}$$

$$A\begin{pmatrix}x\\y\end{pmatrix}=\begin{pmatrix}a&b\\c&d\end{pmatrix}\begin{pmatrix}x\\y\end{pmatrix}=\begin{pmatrix}ax+by\\cx+dy\end{pmatrix}\text{ の模式図}$$

$\begin{pmatrix} X \\ Y \end{pmatrix} = \begin{pmatrix} a & b \\ c & d \end{pmatrix} \begin{pmatrix} x \\ y \end{pmatrix}$ とすると，ベクトル $\begin{pmatrix} x \\ y \end{pmatrix}$ がベクトル

$\begin{pmatrix} X \\ Y \end{pmatrix}$ に移ったとみなせます。ベクトル $\begin{pmatrix} 1 \\ 0 \end{pmatrix}$ と $\begin{pmatrix} 0 \\ 1 \end{pmatrix}$ の移動先

をもとにして，他のベクトルの移動先も決められるのです。これ

を A で表される 1 次変換といいます。小学校のときに習った比

例関数 $y = ax$ が 1 次元から 1 次元への変換であるのに対し，こ

こでは 2 次元から 2 次元への変換です。単位正方形が移った先の

平行四辺形の面積は $|A| = \begin{vmatrix} a & b \\ c & d \end{vmatrix}$ となり，$|A|$ 倍になりますが，

ゴム網のゴムの伸び方はどこでも同じなので，一般の図形でも面

積は $|A|$ 倍になります。

$A = \begin{pmatrix} a & b \\ c & d \end{pmatrix}$ で表される 1 次変換をしたあとに続けて，

$P = \begin{pmatrix} p & q \\ r & s \end{pmatrix}$ で表される 1 次変換をするという合成変換 PA

はどう表されるでしょうか？　次の図で，$\begin{pmatrix} 1 \\ 0 \end{pmatrix}$ と $\begin{pmatrix} 0 \\ 1 \end{pmatrix}$ の PA

による移動先を調べます。$\begin{pmatrix} 1 \\ 0 \end{pmatrix}$，$\begin{pmatrix} 0 \\ 1 \end{pmatrix}$ はまず A によりそれぞれ

$\begin{pmatrix} a \\ c \end{pmatrix}$，$\begin{pmatrix} b \\ d \end{pmatrix}$ に移り，さらに p.185 の上の左枠を参照すると，$\begin{pmatrix} a \\ c \end{pmatrix}$，

$\begin{pmatrix} b \\ d \end{pmatrix}$ は P によりそれぞれ $\begin{pmatrix} pa + qc \\ ra + sc \end{pmatrix}$，$\begin{pmatrix} pb + qd \\ rb + sd \end{pmatrix}$ に移ります。

ただし，都合上，2 つのカッコを 1 つのカッコで書いています。

このことは p.185 の右枠のように内積とみなすと計算しやすいで

す。結局，$PA = \begin{pmatrix} p & q \\ r & s \end{pmatrix} \begin{pmatrix} a & b \\ c & d \end{pmatrix} = \begin{pmatrix} pa + qc & pb + qd \\ ra + sc & rb + sd \end{pmatrix}$ と

なります。これは行列の積になります。

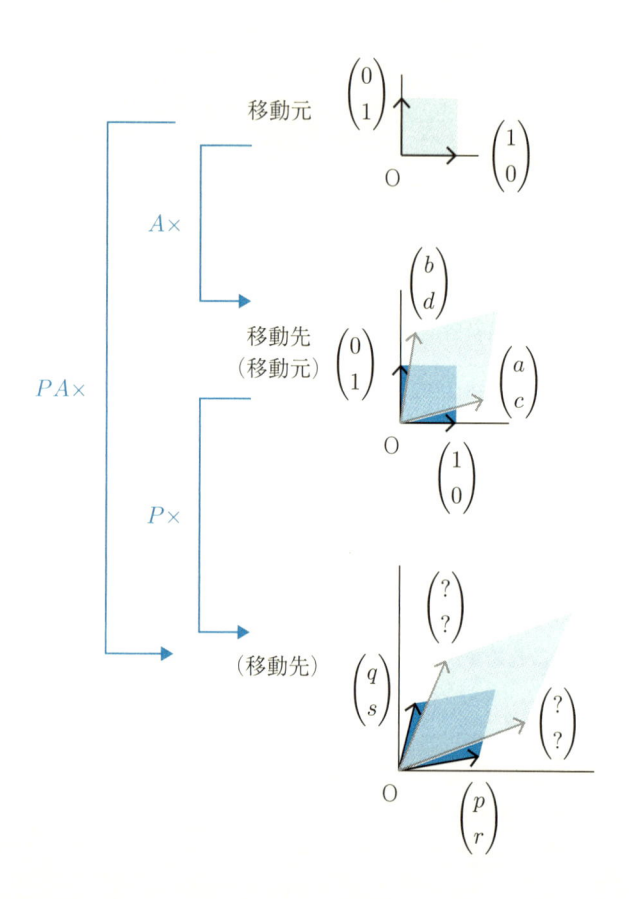

$$A \begin{pmatrix} 1 \\ 0 \end{pmatrix} = \begin{pmatrix} a \\ c \end{pmatrix}, \ \ A \begin{pmatrix} 0 \\ 1 \end{pmatrix} = \begin{pmatrix} b \\ d \end{pmatrix}, \ \ P \begin{pmatrix} a \\ c \end{pmatrix} = \begin{pmatrix} ? \\ ? \end{pmatrix}, \ \ P \begin{pmatrix} b \\ d \end{pmatrix} = \begin{pmatrix} ? \\ ? \end{pmatrix}$$

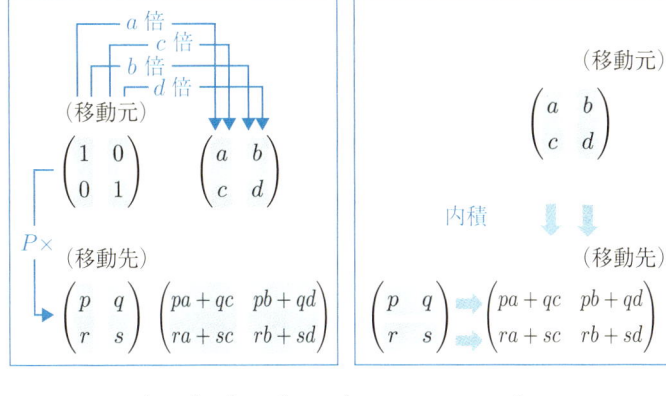

$$PA = \begin{pmatrix} p & q \\ r & s \end{pmatrix} \begin{pmatrix} a & b \\ c & d \end{pmatrix} = \begin{pmatrix} pa+qc & pb+qd \\ ra+sc & rb+sd \end{pmatrix} \text{ の模式図}$$

A で変換すると面積は $|A|$ 倍になり，続けて P で変換すると面積は $|P|$ 倍になります。合成変換 PA では面積が $|PA|$ 倍になることから，$|PA| = |P||A|$ となります。

ちなみに，もとと変わらない変換は $E = \begin{pmatrix} 1 & 0 \\ 0 & 1 \end{pmatrix}$ で表され，恒等変換と呼ばれます。$A = \begin{pmatrix} a & b \\ c & d \end{pmatrix}$ で表される 1 次変換の逆変換を A^{-1} と書くと，成分はどう表されるでしょうか？

次の図で，$\begin{pmatrix} 1 \\ 0 \end{pmatrix}$ と $\begin{pmatrix} 0 \\ 1 \end{pmatrix}$ の A^{-1} による移動先を調べます。p.187 の枠のようになるので，結局，$A^{-1}A = E$ のとき，$A^{-1} = \dfrac{1}{ad-bc} \begin{pmatrix} d & -b \\ -c & a \end{pmatrix}$（行列の各成分の共通な分母をカッコの外にくくり出して書いている）となります。

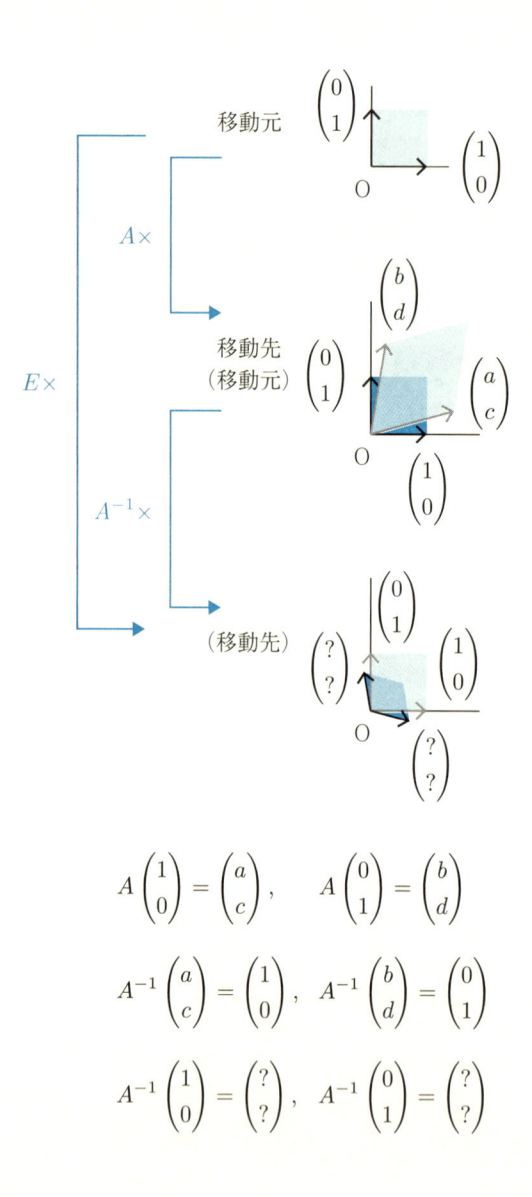

$$A \begin{pmatrix} 1 \\ 0 \end{pmatrix} = \begin{pmatrix} a \\ c \end{pmatrix}, \quad A \begin{pmatrix} 0 \\ 1 \end{pmatrix} = \begin{pmatrix} b \\ d \end{pmatrix}$$

$$A^{-1} \begin{pmatrix} a \\ c \end{pmatrix} = \begin{pmatrix} 1 \\ 0 \end{pmatrix}, \quad A^{-1} \begin{pmatrix} b \\ d \end{pmatrix} = \begin{pmatrix} 0 \\ 1 \end{pmatrix}$$

$$A^{-1} \begin{pmatrix} 1 \\ 0 \end{pmatrix} = \begin{pmatrix} ? \\ ? \end{pmatrix}, \quad A^{-1} \begin{pmatrix} 0 \\ 1 \end{pmatrix} = \begin{pmatrix} ? \\ ? \end{pmatrix}$$

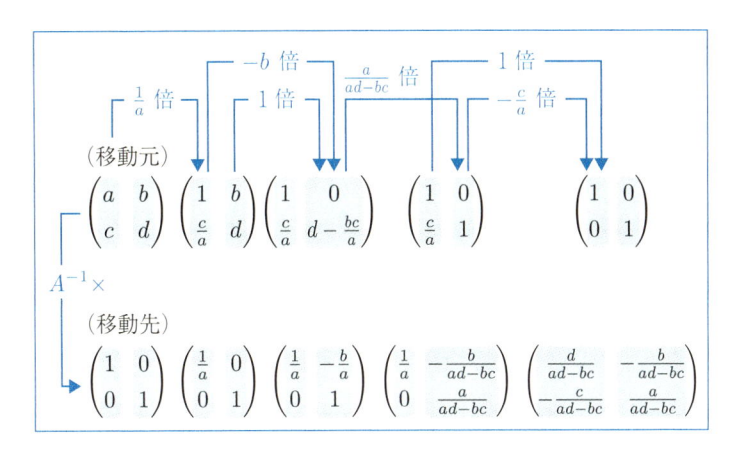

$$A^{-1} = \frac{1}{ad-bc} \begin{pmatrix} d & -b \\ -c & a \end{pmatrix} \text{ の模式図}$$

5.4 グラム行列（グラミアン）で面積・体積を求める

（ⅰ）　前節の行列式の性質を使って，$\vec{a} = \begin{pmatrix} a \\ c \end{pmatrix}$，$\vec{b} = \begin{pmatrix} b \\ d \end{pmatrix}$ ででできる平行四辺形の面積 $S = |\vec{a}, \vec{b}| = \begin{vmatrix} a & b \\ c & d \end{vmatrix}$ の別表現ができます。T（transpose）記号は，行列に対しては行と列を逆にする転置行列，縦ベクトルに対しては横ベクトルにすることを表します。

$$
\begin{aligned}
S^2 &= \left| \begin{pmatrix} a & b \\ c & d \end{pmatrix} \right| \left| \begin{pmatrix} a & b \\ c & d \end{pmatrix} \right| = \left| \begin{pmatrix} a & b \\ c & d \end{pmatrix}^{\mathrm{T}} \right| \left| \begin{pmatrix} a & b \\ c & d \end{pmatrix} \right| \\
&= \left| \begin{pmatrix} a & c \\ b & d \end{pmatrix} \begin{pmatrix} a & b \\ c & d \end{pmatrix} \right| = \begin{vmatrix} a^2 + c^2 & ab + cd \\ ab + cd & b^2 + d^2 \end{vmatrix} \\
&= (a^2 + c^2)(b^2 + d^2) - (ab + cd)^2
\end{aligned}
$$

となります。平行四辺形の面積公式の別表現です。5.2 節では，$S = ad - bc$ だったので，

$$
(a^2 + c^2)(b^2 + d^2) = (ab + cd)^2 + (ad - bc)^2
$$

となります。これをラグランジュの恒等式といいます。同じことをベクトルを使って書き直してみます。$\vec{a}^{\mathrm{T}} \vec{b} = \begin{pmatrix} a & c \end{pmatrix} \begin{pmatrix} b \\ d \end{pmatrix} = \vec{a} \cdot \vec{b}$ となることを使って，

$$S^2 = |(\vec{a}, \vec{b})||(\vec{a}, \vec{b})| = |(\vec{a}, \vec{b})^{\mathrm{T}}||(\vec{a}, \vec{b})|$$

$$= \left| \begin{pmatrix} \vec{a}^{\mathrm{T}} \\ \vec{b}^{\mathrm{T}} \end{pmatrix} (\vec{a}, \vec{b}) \right| = \begin{vmatrix} \vec{a}^{\mathrm{T}}\vec{a} & \vec{a}^{\mathrm{T}}\vec{b} \\ \vec{b}^{\mathrm{T}}\vec{a} & \vec{b}^{\mathrm{T}}\vec{b} \end{vmatrix} = \begin{vmatrix} |\vec{a}|^2 & \vec{a} \cdot \vec{b} \\ \vec{a} \cdot \vec{b} & |\vec{b}|^2 \end{vmatrix}$$

$$= |\vec{a}|^2 |\vec{b}|^2 - (\vec{a} \cdot \vec{b})^2$$

$A^{\mathrm{T}}A$ の形の行列を**グラム行列（グラミアン）**といいます。

　この平行四辺形の面積のベクトル表現は 2 次元で考えましたが，3 次元以上でも同じ式になります。以下では簡単のために 3 次元で示します。

　2 つの空間ベクトル $\vec{a} = \begin{pmatrix} a_1 \\ a_2 \\ a_3 \end{pmatrix}$，$\vec{b} = \begin{pmatrix} b_1 \\ b_2 \\ b_3 \end{pmatrix}$ でできる空間平行四辺形の面積を S とします。$\vec{a}$ と $\vec{b}$ に垂直な単位ベクトル $\vec{n} = \dfrac{\vec{a} \times \vec{b}}{|\vec{a} \times \vec{b}|}$ を作り，3 つの空間ベクトル $\vec{a}$, $\vec{b}$, $\vec{n}$ でできる柱体の体積 V を考えます。柱体の高さは 1 なので，$S = V$ です。

$$S^2 = V^2 = |(\vec{a}, \vec{b}, \vec{n})||(\vec{a}, \vec{b}, \vec{n})| = |(\vec{a}, \vec{b}, \vec{n})^{\mathrm{T}}||(\vec{a}, \vec{b}, \vec{n})|$$

$$= \left| \begin{pmatrix} \vec{a}^{\mathrm{T}} \\ \vec{b}^{\mathrm{T}} \\ \vec{n}^{\mathrm{T}} \end{pmatrix} (\vec{a}, \vec{b}, \vec{n}) \right| = \begin{vmatrix} \vec{a}^{\mathrm{T}}\vec{a} & \vec{a}^{\mathrm{T}}\vec{b} & \vec{a}^{\mathrm{T}}\vec{n} \\ \vec{b}^{\mathrm{T}}\vec{a} & \vec{b}^{\mathrm{T}}\vec{b} & \vec{b}^{\mathrm{T}}\vec{n} \\ \vec{n}^{\mathrm{T}}\vec{a} & \vec{n}^{\mathrm{T}}\vec{b} & \vec{n}^{\mathrm{T}}\vec{n} \end{vmatrix}$$

$$= \begin{vmatrix} |\vec{a}|^2 & \vec{a} \cdot \vec{b} & 0 \\ \vec{a} \cdot \vec{b} & |\vec{b}|^2 & 0 \\ 0 & 0 & 1 \end{vmatrix} \quad \text{（第 3 列に関する余因子展開）}$$

$$= \begin{vmatrix} |\vec{a}|^2 & \vec{a} \cdot \vec{b} \\ \vec{a} \cdot \vec{b} & |\vec{b}|^2 \end{vmatrix} = |\vec{a}|^2 |\vec{b}|^2 - (\vec{a} \cdot \vec{b})^2$$

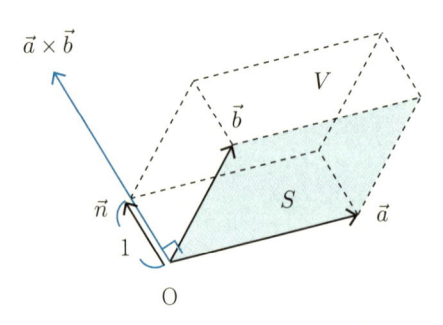

柱体

前節より $S^2 = S_{xy}{}^2 + S_{yz}{}^2 + S_{zx}{}^2$ なので，前ページの式を成分で表すと，

$$(a_2b_3 - a_3b_2)^2 + (a_3b_1 - a_1b_3)^2 + (a_1b_2 - a_2b_1)^2$$
$$= (a_1{}^2 + a_2{}^2 + a_3{}^2)(b_1{}^2 + b_2{}^2 + b_3{}^2) - (a_1b_1 + a_2b_2 + a_3b_3)^2$$
$$(a_1{}^2 + a_2{}^2 + a_3{}^2)(b_1{}^2 + b_2{}^2 + b_3{}^2)$$
$$= (a_1b_1 + a_2b_2 + a_3b_3)^2$$
$$\qquad + (a_2b_3 - a_3b_2)^2 + (a_3b_1 - a_1b_3)^2 + (a_1b_2 - a_2b_1)^2$$

となります。これもラグランジュの恒等式といいます。同様にすれば変数を増やした形も想像できます。

（ⅱ）　次に，$\vec{a} = \begin{pmatrix} a_1 \\ a_2 \\ a_3 \end{pmatrix}$，$\vec{b} = \begin{pmatrix} b_1 \\ b_2 \\ b_3 \end{pmatrix}$，$\vec{c} = \begin{pmatrix} c_1 \\ c_2 \\ c_3 \end{pmatrix}$ でできる平行

六面体の体積 $V = |\vec{a}, \vec{b}, \vec{c}| = \begin{vmatrix} a_1 & b_1 & c_1 \\ a_2 & b_2 & c_2 \\ a_3 & b_3 & c_3 \end{vmatrix}$ の別表現を求めてみます。

$$V^2 = |(\vec{a}, \vec{b}, \vec{c})||(\vec{a}, \vec{b}, \vec{c})| = |(\vec{a}, \vec{b}, \vec{c})^{\mathrm{T}}||(\vec{a}, \vec{b}, \vec{c})|$$

$$= \left| \begin{pmatrix} \vec{a}^{\mathrm{T}} \\ \vec{b}^{\mathrm{T}} \\ \vec{c}^{\mathrm{T}} \end{pmatrix} (\vec{a}, \vec{b}, \vec{c}) \right|$$

$$= \begin{vmatrix} \vec{a}^{\mathrm{T}}\vec{a} & \vec{a}^{\mathrm{T}}\vec{b} & \vec{a}^{\mathrm{T}}\vec{c} \\ \vec{b}^{\mathrm{T}}\vec{a} & \vec{b}^{\mathrm{T}}\vec{b} & \vec{b}^{\mathrm{T}}\vec{c} \\ \vec{c}^{\mathrm{T}}\vec{a} & \vec{c}^{\mathrm{T}}\vec{b} & \vec{c}^{\mathrm{T}}\vec{c} \end{vmatrix}$$

$$= \begin{vmatrix} |\vec{a}|^2 & \vec{a} \cdot \vec{b} & \vec{c} \cdot \vec{a} \\ \vec{a} \cdot \vec{b} & |\vec{b}|^2 & \vec{b} \cdot \vec{c} \\ \vec{c} \cdot \vec{a} & \vec{b} \cdot \vec{c} & |\vec{c}|^2 \end{vmatrix}$$

$$= |\vec{a}|^2|\vec{b}|^2|\vec{c}|^2 + 2(\vec{a} \cdot \vec{b})(\vec{b} \cdot \vec{c})(\vec{c} \cdot \vec{a})$$
$$- |\vec{a}|^2(\vec{b} \cdot \vec{c})^2 - |\vec{b}|^2(\vec{c} \cdot \vec{a})^2 - |\vec{c}|^2(\vec{a} \cdot \vec{b})^2$$

これが V の別表現です。一方，$V^2 = |\vec{a}, \vec{b}, \vec{c}|^2 = \left\{ \vec{a} \cdot (\vec{b} \times \vec{c}) \right\}^2$ なので，成分表示をすれば恒等式が得られます。

5.5　くつひも公式で多角形の面積を求める

　いままで，平行四辺形の面積・平行六面体の体積を行列式で考えてきましたが，三角形の面積 S・四面体の体積 V として書き直すと次のようになります。

(ⅰ)　$\vec{a} = \begin{pmatrix} a \\ c \end{pmatrix}, \vec{b} = \begin{pmatrix} b \\ d \end{pmatrix}$ でできる三角形の面積 $S = \dfrac{1}{2}|\vec{a}, \vec{b}| = \dfrac{1}{2}\begin{vmatrix} a & b \\ c & d \end{vmatrix}$, $(2S)^2 = \begin{vmatrix} |\vec{a}|^2 & \vec{a}\cdot\vec{b} \\ \vec{a}\cdot\vec{b} & |\vec{b}|^2 \end{vmatrix}$

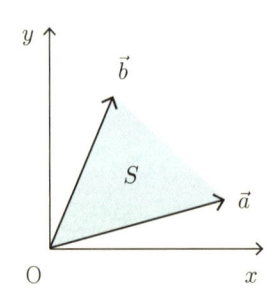

原点を頂点とする三角形

$$\vec{a} = \begin{pmatrix} a_1 \\ a_2 \\ a_3 \end{pmatrix}, \vec{b} = \begin{pmatrix} b_1 \\ b_2 \\ b_3 \end{pmatrix}$$ でできる空間三角形の面積

$$S = \frac{1}{2}|\vec{a} \times \vec{b}| = \frac{1}{2}|\vec{a}, \vec{b}, \vec{n}| \left(ただし, \vec{n} = \frac{\vec{a} \times \vec{b}}{|\vec{a} \times \vec{b}|} // \begin{pmatrix} S_{yz} \\ S_{zx} \\ S_{xy} \end{pmatrix} \right),$$

$$(2S)^2 = \begin{vmatrix} |\vec{a}|^2 & \vec{a} \cdot \vec{b} \\ \vec{a} \cdot \vec{b} & |\vec{b}|^2 \end{vmatrix}$$

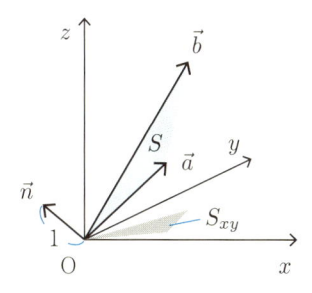

原点を頂点とする空間三角形

(ii)　$\vec{a} = \begin{pmatrix} a_1 \\ a_2 \\ a_3 \end{pmatrix}$, $\vec{b} = \begin{pmatrix} b_1 \\ b_2 \\ b_3 \end{pmatrix}$, $\vec{c} = \begin{pmatrix} c_1 \\ c_2 \\ c_3 \end{pmatrix}$ でできる四面

体の体積 $V = \dfrac{1}{6}\vec{a} \cdot (\vec{b} \times \vec{c}) = \dfrac{1}{6}|\vec{a}, \vec{b}, \vec{c}| = \dfrac{1}{6}\begin{vmatrix} a_1 & b_1 & c_1 \\ a_2 & b_2 & c_2 \\ a_3 & b_3 & c_3 \end{vmatrix}$,

$$(6V)^2 = \begin{vmatrix} |\vec{a}|^2 & \vec{a} \cdot \vec{b} & \vec{c} \cdot \vec{a} \\ \vec{a} \cdot \vec{b} & |\vec{b}|^2 & \vec{b} \cdot \vec{c} \\ \vec{c} \cdot \vec{a} & \vec{b} \cdot \vec{c} & |\vec{c}|^2 \end{vmatrix}$$

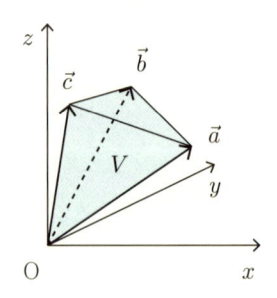

原点を頂点とする四面体

　いままで，いずれも頂点の 1 つが原点 O でしたが，そうでない場合を考えます。

(iii)　平面上の 3 点 $A(a_1, a_2)$，$B(b_1, b_2)$，$C(c_1, c_2)$ を頂点とする三角形 ABC の面積 S は，面積が符号付きであることに注意して，

$$S = \triangle ABC = \triangle OAB + \triangle OBC + \triangle OCA$$

$$= \frac{1}{2}\begin{vmatrix} a_1 & b_1 \\ a_2 & b_2 \end{vmatrix} + \frac{1}{2}\begin{vmatrix} b_1 & c_1 \\ b_2 & c_2 \end{vmatrix} + \frac{1}{2}\begin{vmatrix} c_1 & a_1 \\ c_2 & a_2 \end{vmatrix}$$

となります。この値は 3 点 A，B，C が反時計周りに配置されていれば正となります。

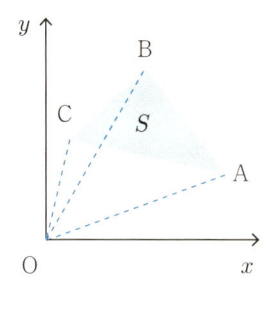

三角形 ABC

　この三角形を次の図のように z 軸方向に 1 だけ平行移動することで, 別表現ができます。$\mathrm{A}'(a_1, a_2, 1)$, $\mathrm{B}'(b_1, b_2, 1)$, $\mathrm{C}'(c_1, c_2, 1)$ とおきます。

$$
\begin{aligned}
S &= \triangle \mathrm{A}'\mathrm{B}'\mathrm{C}' = 3 \times (\text{四面体 O}\mathrm{A}'\mathrm{B}'\mathrm{C}') \\
&= 3 \cdot \frac{1}{6}(\overrightarrow{\mathrm{OA}'}, \overrightarrow{\mathrm{OB}'}, \overrightarrow{\mathrm{OC}'} \text{でできる平行六面体の体積}) \\
&= \frac{1}{2}
\begin{vmatrix}
a_1 & b_1 & c_1 \\
a_2 & b_2 & c_2 \\
1 & 1 & 1
\end{vmatrix}
\end{aligned}
$$

実際, 2 つの式が等しいということは, 余因子展開からもわかります。ただし, 今回は第 3 行で展開した形になります。

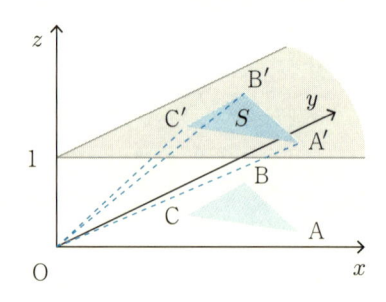

三角形 ABC を z 軸方向に 1 だけ平行移動

(iv)　平面上の 4 点 A(a_1, a_2), B(b_1, b_2), C(c_1, c_2), D(d_1, d_2) を頂点とする四角形 ABCD の面積 S も $S =$ 四角形 ABCD $=$ $\triangle OAB + \triangle OBC + \triangle OCD + \triangle ODA$ から同様にして求められます。

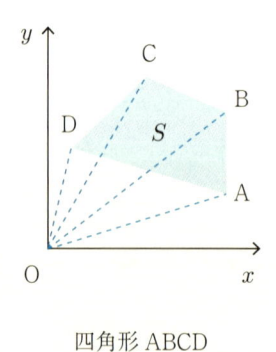

四角形 ABCD

　次の模式図で表します。バツ印の枠がくつひもの形に似ているので，**くつひも公式**と呼ばれます。平面上の多角形の面積公式も

同様の形になります。

$$\frac{1}{2}\left(\begin{array}{ccccc} a_1 & b_1 & c_1 & d_1 & a_1 \\ a_2 & b_2 & c_2 & d_2 & a_2 \end{array}\right) \quad \text{四角枠の行列式をとる}$$

$$S = \frac{1}{2}\begin{vmatrix} a_1 & b_1 \\ a_2 & b_2 \end{vmatrix} + \frac{1}{2}\begin{vmatrix} b_1 & c_1 \\ b_2 & c_2 \end{vmatrix} + \frac{1}{2}\begin{vmatrix} c_1 & d_1 \\ c_2 & d_2 \end{vmatrix} + \frac{1}{2}\begin{vmatrix} d_1 & a_1 \\ d_2 & a_2 \end{vmatrix} \text{ の模式図}$$

$$\frac{1}{2}\left(\begin{array}{ccccc} a_1 & b_1 & c_1 & d_1 & a_1 \\ a_2 & b_2 & c_2 & d_2 & a_2 \end{array}\right) \quad \begin{array}{l}\text{右下向きの枠は ⊕} \\ \text{右上向きの枠は ⊖}\end{array}$$

$$S = \frac{1}{2}(a_1 b_2 + b_1 c_2 + c_1 d_2 + d_1 a_2$$
$$- b_1 a_2 - c_1 b_2 - d_1 c_2 - a_1 d_2) \text{ の模式図}$$

（v）　空間の 3 点 $A(a_1, a_2, a_3)$，$B(b_1, b_2, b_3)$，$C(c_1, c_2, c_3)$ を頂点とする空間三角形の面積 S を求めるには，C を原点に移動し，$\vec{a} - \vec{c}$，$\vec{b} - \vec{c}$ でできる三角形の面積とみなして，

$$S = \frac{1}{2}|(\vec{a} - \vec{c}) \times (\vec{b} - \vec{c})| = \frac{1}{2}|\vec{a} \times \vec{b} + \vec{b} \times \vec{c} + \vec{c} \times \vec{a}|$$

となります。$\vec{c} \times \vec{c} = \vec{0}$ に注意してください。また，「空間にある平行四辺形の面積の 2 乗 = 各座標平面に射影した面積の 2 乗の和」をもとに，

$$(2S)^2 = \begin{vmatrix} a_1 & b_1 & c_1 \\ a_2 & b_2 & c_2 \\ 1 & 1 & 1 \end{vmatrix}^2 + \begin{vmatrix} 1 & 1 & 1 \\ a_2 & b_2 & c_2 \\ a_3 & b_3 & c_3 \end{vmatrix}^2 + \begin{vmatrix} a_1 & b_1 & c_1 \\ 1 & 1 & 1 \\ a_3 & b_3 & c_3 \end{vmatrix}^2$$

とも書けます。

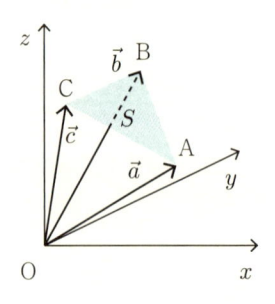

空間三角形 ABC

(vi)　空間の 4 点 A(a_1, a_2, a_3)，B(b_1, b_2, b_3)，C(c_1, c_2, c_3)，D(d_1, d_2, d_3) を頂点とする四面体 ABCD の体積 V は，体積が符号付きであることに注意して，

$$V = \text{四面体 ABCD}$$

$$= \text{四面体 OABC} + \text{四面体 OADB}$$

$$+ \text{四面体 OACD} + \text{四面体 OBDC}$$

$$= \frac{1}{6} \begin{vmatrix} a_1 & b_1 & c_1 \\ a_2 & b_2 & c_2 \\ a_3 & b_3 & c_3 \end{vmatrix} + \frac{1}{6} \begin{vmatrix} a_1 & d_1 & b_1 \\ a_2 & d_2 & b_2 \\ a_3 & d_3 & b_3 \end{vmatrix}$$

$$+ \frac{1}{6} \begin{vmatrix} a_1 & c_1 & d_1 \\ a_2 & c_2 & d_2 \\ a_3 & c_3 & d_3 \end{vmatrix} + \frac{1}{6} \begin{vmatrix} b_1 & d_1 & c_1 \\ b_2 & d_2 & c_2 \\ b_3 & d_3 & c_3 \end{vmatrix}$$

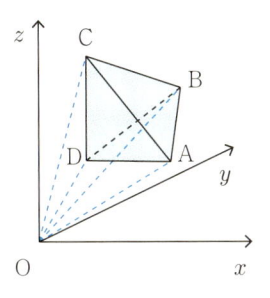

四面体 ABCD

　この四面体を 4 次元空間（$xyzw$ 空間）の $w = 0$ の部分にあるとみなし，w 軸方向に 1 だけ平行移動することで，次のように考えることもできます。$\mathrm{A}'(a_1, a_2, a_3, 1)$ などとおきます。

$$
\begin{aligned}
V &= \text{四面体 } \mathrm{A}'\mathrm{B}'\mathrm{C}'\mathrm{D}' = 4 \times (4 \text{ 次元単体 } \mathrm{OA}'\mathrm{B}'\mathrm{C}'\mathrm{D}') \\
&= 4 \cdot \frac{1}{4!}(\overrightarrow{\mathrm{OA}'}, \overrightarrow{\mathrm{OB}'}, \overrightarrow{\mathrm{OC}'}, \overrightarrow{\mathrm{OD}'} \text{でできる 4 次元平行体の超体積}) \\
&= \frac{1}{6}\begin{vmatrix} a_1 & b_1 & c_1 & d_1 \\ a_2 & b_2 & c_2 & d_2 \\ a_3 & b_3 & c_3 & d_3 \\ 1 & 1 & 1 & 1 \end{vmatrix}
\end{aligned}
$$

ここでは，3 次元空間で四面体，平行六面体，体積に相当するものを，4 次元空間では 4 次元単体，4 次元平行体，超体積と呼びました。実際，2 つの式が等しいということは，余因子展開からもわかります。ただし，今回は第 4 行で展開した形になります。

　こういったように，三角形の面積・四面体の体積が行列式を用いて簡単に表されるのはすばらしいことですね。

ここまではベクトルや座標を用いて面積・体積公式を求めてきましたが，辺の長さだけから三角形の面積・四面体の体積を求めることもできます。

平面上の三角形 OAB の面積 S は，$\overrightarrow{OA} = \vec{a}$，$\overrightarrow{OB} = \vec{b}$ とすると，

$$S = \frac{1}{2}|\vec{a}, \vec{b}|, \qquad (2S)^2 = \begin{vmatrix} |\vec{a}|^2 & \vec{a} \cdot \vec{b} \\ \vec{a} \cdot \vec{b} & |\vec{b}|^2 \end{vmatrix}$$

でした。これをさらに変形して，辺の長さだけで表されるようにしてみます。

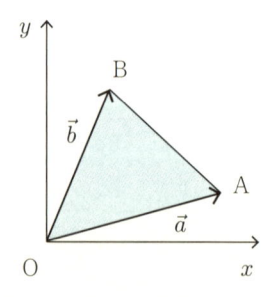

三角形 OAB

$$S^2$$

$$= \frac{1}{(2!)^2} \begin{vmatrix} |\vec{a}|^2 & \vec{a} \cdot \vec{b} \\ \vec{a} \cdot \vec{b} & |\vec{b}|^2 \end{vmatrix}$$

$$= \frac{1}{(2!)^2(-2)^2} \begin{vmatrix} -2\vec{a} \cdot \vec{a} & -2\vec{a} \cdot \vec{b} \\ -2\vec{b} \cdot \vec{a} & -2\vec{b} \cdot \vec{b} \end{vmatrix}$$

$$\left(\begin{array}{l} \text{第 1 列に } -2 \text{ を掛け，その代わりに } \dfrac{1}{-2} \text{ をくくり出す} \\ \text{第 2 列に } -2 \text{ を掛け，その代わりに } \dfrac{1}{-2} \text{ をくくり出す} \end{array} \right)$$

$$= \frac{1}{(2!)^2(-2)^2} \begin{vmatrix} 0 & 0 & 1 \\ -2\vec{a} \cdot \vec{a} & -2\vec{a} \cdot \vec{b} & 1 \\ -2\vec{b} \cdot \vec{a} & -2\vec{b} \cdot \vec{b} & 1 \end{vmatrix}$$

（変形後の式を第 1 行で余因子展開すると，変形前の式になる）

$$= - \frac{1}{(2!)^2(-2)^2} \begin{vmatrix} 0 & 0 & 0 & 1 \\ 0 & -2\vec{a} \cdot \vec{a} & -2\vec{a} \cdot \vec{b} & 1 \\ 0 & -2\vec{b} \cdot \vec{a} & -2\vec{b} \cdot \vec{b} & 1 \\ 1 & 1 & 1 & 0 \end{vmatrix}$$

（変形後の式を第 1 列で余因子展開すると，変形前の式になる）

$$= - \frac{1}{(2!)^2(-2)^2} \begin{vmatrix} 0 & |\vec{a}|^2 & |\vec{b}|^2 & 1 \\ 0 & |\vec{a}|^2 - 2\vec{a} \cdot \vec{a} & |\vec{b}|^2 - 2\vec{a} \cdot \vec{b} & 1 \\ 0 & |\vec{a}|^2 - 2\vec{b} \cdot \vec{a} & |\vec{b}|^2 - 2\vec{b} \cdot \vec{b} & 1 \\ 1 & 1 & 1 & 0 \end{vmatrix}$$

（第 4 列の $|\vec{a}|^2$ 倍，$|\vec{b}|^2$ 倍をそれぞれ第 2 列，第 3 列に足す）

$$= - \frac{1}{(2!)^2(-2)^2} \begin{vmatrix} 0 & |\vec{a}|^2 & |\vec{b}|^2 & 1 \\ |\vec{a}|^2 & |\vec{a}|^2 - 2\vec{a} \cdot \vec{a} + |\vec{a}|^2 & |\vec{b}|^2 - 2\vec{a} \cdot \vec{b} + |\vec{a}|^2 & 1 \\ |\vec{b}|^2 & |\vec{a}|^2 - 2\vec{b} \cdot \vec{a} + |\vec{b}|^2 & |\vec{b}|^2 - 2\vec{b} \cdot \vec{b} + |\vec{b}|^2 & 1 \\ 1 & 1 & 1 & 0 \end{vmatrix}$$

（第 4 行の $|\vec{a}|^2$ 倍，$|\vec{b}|^2$ 倍をそれぞれ第 2 行，第 3 行に足す）

$$= -\frac{1}{(2!)^2(-2)^2} \begin{vmatrix} 0 & |\vec{a}|^2 & |\vec{b}|^2 & 1 \\ |\vec{a}|^2 & 0 & |\vec{b}-\vec{a}|^2 & 1 \\ |\vec{b}|^2 & |\vec{a}-\vec{b}|^2 & 0 & 1 \\ 1 & 1 & 1 & 0 \end{vmatrix}$$

$$= -\frac{1}{(2!)^2(-2)^2} \begin{vmatrix} 0 & OA^2 & OB^2 & 1 \\ OA^2 & 0 & AB^2 & 1 \\ OB^2 & AB^2 & 0 & 1 \\ 1 & 1 & 1 & 0 \end{vmatrix}$$

これは三角形 OAB の3辺と面積との関係を表し，**ヘロンの公式**といいます。三角形 ABC の3辺と面積との関係だと，

$$S^2 = -\frac{1}{(2!)^2(-2)^2} \begin{vmatrix} 0 & AB^2 & AC^2 & 1 \\ AB^2 & 0 & BC^2 & 1 \\ AC^2 & BC^2 & 0 & 1 \\ 1 & 1 & 1 & 0 \end{vmatrix}$$

となります。次元をあげても同じような式が成立し，空間内の四面体 ABCD の体積 V は，

$$V^2 = -\frac{1}{(3!)^2(-2)^3} \begin{vmatrix} 0 & AB^2 & AC^2 & AD^2 & 1 \\ AB^2 & 0 & BC^2 & BD^2 & 1 \\ AC^2 & BC^2 & 0 & CD^2 & 1 \\ AD^2 & BD^2 & CD^2 & 0 & 1 \\ 1 & 1 & 1 & 1 & 0 \end{vmatrix}$$

となります。四面体の6つの辺長から体積を求める公式です。右辺の行列式は**ケーリー・メンガーの行列式**と呼ばれます。高校でヘロンの公式を導くときには三角関数を使いましたが，四面体の体積の公式を導くには三角関数を使うと複雑すぎます。行列式を用いてきれいに求められるのはすばらしいことです。

　この式の応用があります。空間内の4点 A, B, C, D が同一平

面上にあるとき，四面体 ABCD の体積 $V = 0$ となることから，$_4\mathrm{C}_2 = 6$ 個の辺の間の関係式を導けます。この関係式は，和算で六斜術と呼ばれました。次のようにして求めることもあります。

空間内の 4 点 $\mathrm{A}(a_1, a_2, a_3)$, $\mathrm{B}(b_1, b_2, b_3)$, $\mathrm{C}(c_1, c_2, c_3)$, $\mathrm{D}(d_1, d_2, d_3)$ が同一平面上にあるとき，ある 1 次式 $px + qy + rz + s = 0$（p, q, r のうちいずれかは 0 でない）を満たすので，

$$
\begin{cases}
pa_1 + qa_2 + ra_3 + s = 0 \\
pb_1 + qb_2 + rb_3 + s = 0 \\
pc_1 + qc_2 + rc_3 + s = 0 \\
pd_1 + qd_2 + rd_3 + s = 0
\end{cases}
$$

$$
\Leftrightarrow
\begin{pmatrix}
a_1 & a_2 & a_3 & 1 \\
b_1 & b_2 & b_3 & 1 \\
c_1 & c_2 & c_3 & 1 \\
d_1 & d_2 & d_3 & 1
\end{pmatrix}
\begin{pmatrix}
p \\ q \\ r \\ s
\end{pmatrix}
=
\begin{pmatrix}
0 \\ 0 \\ 0 \\ 0
\end{pmatrix}
$$

左辺の行列の逆行列が存在すると仮定すると，それを両辺に掛けることで $p = q = r = s = 0$ となり矛盾です。よって，左辺の行列の逆行列は存在しません。このことは行列で表される 1 次変換で 4 次元空間が移された領域がつぶれて，4 次元超体積が 0 になることを意味します。よって，左辺の行列の行列式は 0 とわかります。このことから同様な変形をするとケーリー・メンガーの行列式が 0 という関係式を求めることができます。

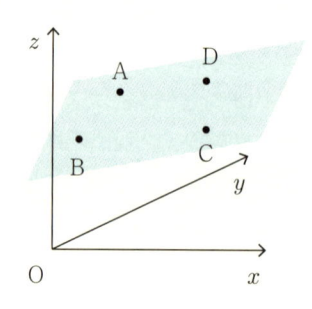

4 点 A, B, C, D は同一平面上

　ケーリー・メンガーの行列式が 0 のもとで, DA = DB = DC = R とすれば, 3 辺の長さがわかっている三角形 ABC の外接円の半径 R を求める方程式がわかります。

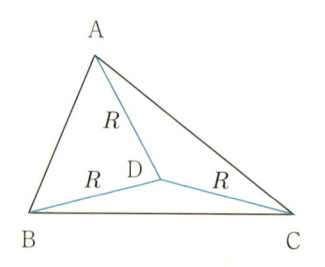

三角形 ABC の外接円の半径 R

　また, ケーリー・メンガーの行列式が 0 のもとで, DA＋DB＋DC の最小値を求めたければ, ラグランジュの未定乗数法というものを使って求められます。こういったものを距離幾何学といいます。位置で考える場合, DA ＋ DB ＋ DC の最小値をとる点 D は

フェルマー点と呼ばれます（3.3 節参照）。

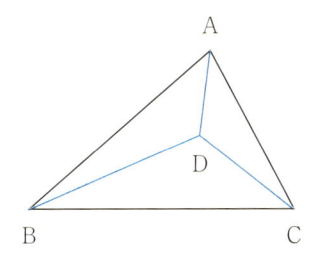

$$DA + DB + DC \text{ が最小}$$

　このように行列式を使うことで，同一円周上に 4 点 A，B，C，D があるとき，
$$\begin{vmatrix} 0 & AB^2 & AC^2 & AD^2 \\ AB^2 & 0 & BC^2 & BD^2 \\ AC^2 & BC^2 & 0 & CD^2 \\ AD^2 & BD^2 & CD^2 & 0 \end{vmatrix} = 0 \text{ となることも知}$$
られています。これはトレミーの定理といいます。この形を見れば，同一球面上に 5 点 A，B，C，D，E があるとき，$_5C_2 = 10$ 個の辺の関係式（球面版トレミーの定理）も想像できます。

　また，単位球面上に 4 点 A，B，C，D があるとき，
$$\begin{vmatrix} 1 & \cos \overset{\frown}{AB} & \cos \overset{\frown}{AC} & \cos \overset{\frown}{AD} \\ \cos \overset{\frown}{AB} & 1 & \cos \overset{\frown}{BC} & \cos \overset{\frown}{BD} \\ \cos \overset{\frown}{AC} & \cos \overset{\frown}{BC} & 1 & \cos \overset{\frown}{CD} \\ \cos \overset{\frown}{AD} & \cos \overset{\frown}{BD} & \cos \overset{\frown}{CD} & 1 \end{vmatrix} = 0 \text{ となることも知られて}$$
います。$\overset{\frown}{AB}$ は弧長ですが，単位球面上にあるので，$\overset{\frown}{AB} = \angle AOB$（O は単位球面の中心）としてもかまいません。

　行列式が幾何学に応用できる面白い結果だと思います。

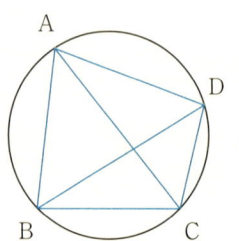 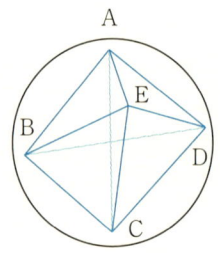 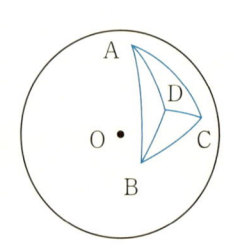

4 点 A, B, C, D は
同一円周上

5 点 A, B, C, D, E は
同一球面上

4 点 A, B, C, D は
単位球面上

5.7 行列式とベクトルの公式で正多面体の体積を求める

　正多面体の体積を行列式とベクトルの公式を使って求めます。ここでは立方体の体積 V を求めますが，同様のやり方で 5 種類ある正多面体の体積をそれぞれ求めることができます。

　図のように立方体の中心を O，1 つの面（face）の中心を A，辺（edge）の中点を B，頂点（vertex）を C とします。$\overrightarrow{\mathrm{OA}} = \boldsymbol{f}$，$\overrightarrow{\mathrm{OB}} = \boldsymbol{e}$，$\overrightarrow{\mathrm{OC}} = \boldsymbol{v}$ とします。

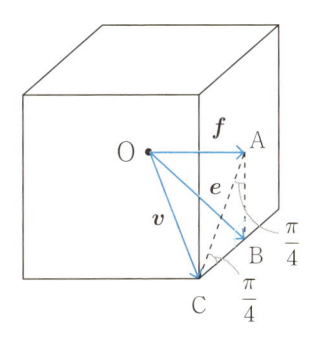

立方体

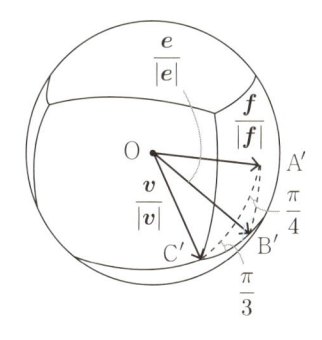

O を中心に立方体を
単位球面に射影

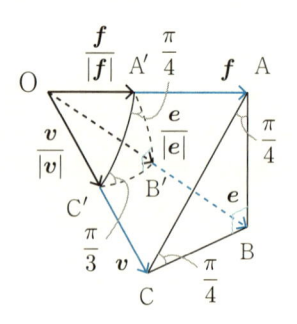

A, B, C は立方体の表面上
A′, B′, C′は単位球面上

$\angle OAB = \dfrac{\pi}{2}$ より,

$$\overrightarrow{AO} \cdot \overrightarrow{AB} = 0$$

$$-\boldsymbol{f} \cdot (\boldsymbol{e} - \boldsymbol{f}) = 0$$

$$\boldsymbol{f} \cdot \boldsymbol{e} = |\boldsymbol{f}|^2 \cdots\cdots ①$$

$\angle OAC = \dfrac{\pi}{2}$ より,

$$\overrightarrow{AO} \cdot \overrightarrow{AC} = 0$$

$$-\boldsymbol{f} \cdot (\boldsymbol{v} - \boldsymbol{f}) = 0$$

$$\boldsymbol{f} \cdot \boldsymbol{v} = |\boldsymbol{f}|^2 \cdots\cdots ②$$

$\angle ABC = \dfrac{\pi}{2}$ より,

$$\overrightarrow{BA} \cdot \overrightarrow{BC} = 0$$

$$(\boldsymbol{f} - \boldsymbol{e}) \cdot (\boldsymbol{v} - \boldsymbol{e}) = 0$$

$$\boldsymbol{f} \cdot \boldsymbol{v} - \boldsymbol{f} \cdot \boldsymbol{e} - \boldsymbol{e} \cdot \boldsymbol{v} + |\boldsymbol{e}|^2 = 0$$

よって①，②より，

$$|\boldsymbol{f}|^2 - |\boldsymbol{f}|^2 - \boldsymbol{e} \cdot \boldsymbol{v} + |\boldsymbol{e}|^2 = 0$$
$$\boldsymbol{e} \cdot \boldsymbol{v} = |\boldsymbol{e}|^2 \cdots\cdots ③$$

$\angle \mathrm{BAC} = \dfrac{\pi}{4}$ より，

$$\overrightarrow{\mathrm{AB}} \cdot \overrightarrow{\mathrm{AC}} = |\overrightarrow{\mathrm{AB}}||\overrightarrow{\mathrm{AC}}| \cos \frac{\pi}{4}$$

$$(\boldsymbol{e} - \boldsymbol{f}) \cdot (\boldsymbol{v} - \boldsymbol{f}) = |\boldsymbol{e} - \boldsymbol{f}||\boldsymbol{v} - \boldsymbol{f}|\frac{1}{\sqrt{2}}$$

$$\boldsymbol{e} \cdot \boldsymbol{v} - \boldsymbol{e} \cdot \boldsymbol{f} - \boldsymbol{f} \cdot \boldsymbol{v} + |\boldsymbol{f}|^2$$
$$= \sqrt{|\boldsymbol{e}|^2 - 2\boldsymbol{e} \cdot \boldsymbol{f} + |\boldsymbol{f}|^2}\sqrt{|\boldsymbol{v}|^2 - 2\boldsymbol{v} \cdot \boldsymbol{f} + |\boldsymbol{f}|^2} \cdot \frac{1}{\sqrt{2}}$$

よって①，②，③より，

$$|\boldsymbol{e}|^2 - |\boldsymbol{f}|^2 - |\boldsymbol{f}|^2 + |\boldsymbol{f}|^2$$
$$= \sqrt{|\boldsymbol{e}|^2 - 2|\boldsymbol{f}|^2 + |\boldsymbol{f}|^2}\sqrt{|\boldsymbol{v}|^2 - 2|\boldsymbol{f}|^2 + |\boldsymbol{f}|^2} \cdot \frac{1}{\sqrt{2}}$$

$$|\boldsymbol{e}|^2 - |\boldsymbol{f}|^2 = \sqrt{|\boldsymbol{e}|^2 - |\boldsymbol{f}|^2}\sqrt{|\boldsymbol{v}|^2 - |\boldsymbol{f}|^2} \cdot \frac{1}{\sqrt{2}}$$

$$|\boldsymbol{e}|^2 - |\boldsymbol{f}|^2 = (|\boldsymbol{v}|^2 - |\boldsymbol{f}|^2) \cdot \frac{1}{2}$$

$$|\boldsymbol{v}|^2 = 2|\boldsymbol{e}|^2 - |\boldsymbol{f}|^2 \cdots\cdots ④$$

例えば，O，A が与えられたとき，いままでの条件で三角形 ABC の形は定まりますが大きさは定まりません。もう1つの条件が必要です。

$\overrightarrow{OA} = \boldsymbol{f}$, $\overrightarrow{OB} = \boldsymbol{e}$, $\overrightarrow{OC} = \boldsymbol{v}$ の単位ベクトル $\overrightarrow{OA'} = \dfrac{\boldsymbol{f}}{|\boldsymbol{f}|}$, $\overrightarrow{OB'} = \dfrac{\boldsymbol{e}}{|\boldsymbol{e}|}$, $\overrightarrow{OC'} = \dfrac{\boldsymbol{v}}{|\boldsymbol{v}|}$ を考えると，A′，B′，C′ は単位球面上にあります。球面三角形 A′B′C′ で，球面の分割を考えると，$\angle A' = \dfrac{2\pi}{8} = \dfrac{\pi}{4}$，$\angle B' = \dfrac{2\pi}{4} = \dfrac{\pi}{2}$，$\angle C' = \dfrac{2\pi}{6} = \dfrac{\pi}{3}$ です。平面 OAC と平面 OBC のなす角は $\dfrac{\pi}{3}$ なので，法線ベクトル（平面に垂直なベクトル）$\boldsymbol{f} \times \boldsymbol{v}$，$\boldsymbol{e} \times \boldsymbol{v}$ のなす角も $\dfrac{\pi}{3}$ となり，

$$(\boldsymbol{f} \times \boldsymbol{v}) \cdot (\boldsymbol{e} \times \boldsymbol{v}) = |\boldsymbol{f} \times \boldsymbol{v}||\boldsymbol{e} \times \boldsymbol{v}| \cos \frac{\pi}{3}$$

4.5 節の公式

$$(\vec{a} \times \vec{b}) \cdot (\vec{c} \times \vec{d}) = (\vec{a} \cdot \vec{c})(\vec{b} \cdot \vec{d}) - (\vec{a} \cdot \vec{d})(\vec{b} \cdot \vec{c})$$
$$|\vec{a} \times \vec{b}|^2 + (\vec{a} \cdot \vec{b})^2 = |\vec{a}|^2 |\vec{b}|^2$$

を用いると，

$$(\boldsymbol{f} \cdot \boldsymbol{e})|\boldsymbol{v}|^2 - (\boldsymbol{f} \cdot \boldsymbol{v})(\boldsymbol{v} \cdot \boldsymbol{e})$$
$$= \sqrt{|\boldsymbol{f}|^2 |\boldsymbol{v}|^2 - (\boldsymbol{f} \cdot \boldsymbol{v})^2} \sqrt{|\boldsymbol{e}|^2 |\boldsymbol{v}|^2 - (\boldsymbol{e} \cdot \boldsymbol{v})^2} \cdot \frac{1}{2}$$

①，②，③より，

$$|\boldsymbol{f}|^2 |\boldsymbol{v}|^2 - |\boldsymbol{f}|^2 |\boldsymbol{e}|^2 = \sqrt{|\boldsymbol{f}|^2 |\boldsymbol{v}|^2 - |\boldsymbol{f}|^4} \sqrt{|\boldsymbol{e}|^2 |\boldsymbol{v}|^2 - |\boldsymbol{e}|^4} \cdot \frac{1}{2}$$
$$|\boldsymbol{f}|^2 (|\boldsymbol{v}|^2 - |\boldsymbol{e}|^2) = |\boldsymbol{f}| \sqrt{|\boldsymbol{v}|^2 - |\boldsymbol{f}|^2} \cdot |\boldsymbol{e}| \sqrt{|\boldsymbol{v}|^2 - |\boldsymbol{e}|^2} \cdot \frac{1}{2}$$
$$|\boldsymbol{f}| \sqrt{|\boldsymbol{v}|^2 - |\boldsymbol{e}|^2} = |\boldsymbol{e}| \sqrt{|\boldsymbol{v}|^2 - |\boldsymbol{f}|^2} \cdot \frac{1}{2}$$

④より，

$$|\boldsymbol{f}|\sqrt{|\boldsymbol{e}|^2 - |\boldsymbol{f}|^2} = |\boldsymbol{e}|\sqrt{2}\sqrt{|\boldsymbol{e}|^2 - |\boldsymbol{f}|^2} \cdot \frac{1}{2}$$

$$|\boldsymbol{f}| = \frac{\sqrt{2}}{2}|\boldsymbol{e}|$$

これを④に代入すると，

$$|\boldsymbol{v}|^2 = 2|\boldsymbol{e}|^2 - |\boldsymbol{f}|^2 = 2|\boldsymbol{e}|^2 - \frac{1}{2}|\boldsymbol{e}|^2 = \frac{3}{2}|\boldsymbol{e}|^2$$

$$|\boldsymbol{v}| = \frac{\sqrt{6}}{2}|\boldsymbol{e}|$$

よって，$|\boldsymbol{f}| : |\boldsymbol{e}| : |\boldsymbol{v}| = 1 : \sqrt{2} : \sqrt{3}$ ……⑤

立方体の体積 V は，$V = |\boldsymbol{v}, \boldsymbol{e}, \boldsymbol{f}| \times \frac{1}{6} \times 8 \times 6$ ……⑥

ここで，

$$|\boldsymbol{v}, \boldsymbol{e}, \boldsymbol{f}|^2 = \begin{pmatrix} \boldsymbol{v}^\top \\ \boldsymbol{e}^\top \\ \boldsymbol{f}^\top \end{pmatrix}(\boldsymbol{v}, \boldsymbol{e}, \boldsymbol{f}) = \begin{vmatrix} \boldsymbol{v}^\top\boldsymbol{v} & \boldsymbol{v}^\top\boldsymbol{e} & \boldsymbol{v}^\top\boldsymbol{f} \\ \boldsymbol{e}^\top\boldsymbol{v} & \boldsymbol{e}^\top\boldsymbol{e} & \boldsymbol{e}^\top\boldsymbol{f} \\ \boldsymbol{f}^\top\boldsymbol{v} & \boldsymbol{f}^\top\boldsymbol{e} & \boldsymbol{f}^\top\boldsymbol{f} \end{vmatrix}$$

$$= \begin{vmatrix} |\boldsymbol{v}|^2 & \boldsymbol{v}\cdot\boldsymbol{e} & \boldsymbol{v}\cdot\boldsymbol{f} \\ \boldsymbol{e}\cdot\boldsymbol{v} & |\boldsymbol{e}|^2 & \boldsymbol{e}\cdot\boldsymbol{f} \\ \boldsymbol{f}\cdot\boldsymbol{v} & \boldsymbol{f}\cdot\boldsymbol{e} & |\boldsymbol{f}|^2 \end{vmatrix} = \begin{vmatrix} |\boldsymbol{v}|^2 & |\boldsymbol{e}|^2 & |\boldsymbol{f}|^2 \\ |\boldsymbol{e}|^2 & |\boldsymbol{e}|^2 & |\boldsymbol{f}|^2 \\ |\boldsymbol{f}|^2 & |\boldsymbol{f}|^2 & |\boldsymbol{f}|^2 \end{vmatrix}$$

$$= |\boldsymbol{v}|^2|\boldsymbol{e}|^2|\boldsymbol{f}|^2 + |\boldsymbol{e}|^2|\boldsymbol{f}|^4 + |\boldsymbol{e}|^2|\boldsymbol{f}|^4$$

$$- |\boldsymbol{e}|^2|\boldsymbol{f}|^4 - |\boldsymbol{e}|^4|\boldsymbol{f}|^2 - |\boldsymbol{v}|^2|\boldsymbol{f}|^4$$

$$= |\boldsymbol{v}|^2|\boldsymbol{e}|^2|\boldsymbol{f}|^2 + |\boldsymbol{e}|^2|\boldsymbol{f}|^4 - |\boldsymbol{e}|^4|\boldsymbol{f}|^2 - |\boldsymbol{v}|^2|\boldsymbol{f}|^4$$

$$= |\boldsymbol{f}|^2(|\boldsymbol{v}|^2 - |\boldsymbol{e}|^2)(|\boldsymbol{e}|^2 - |\boldsymbol{f}|^2)$$

よって，⑤，⑥より，

$$V = |\boldsymbol{v}, \boldsymbol{e}, \boldsymbol{f}| \times 8$$

$$= |\boldsymbol{f}|\sqrt{|\sqrt{3}\boldsymbol{f}|^2 - |\sqrt{2}\boldsymbol{f}|^2}\sqrt{|\sqrt{2}\boldsymbol{f}|^2 - |\boldsymbol{f}|^2} \times 8$$

$$= 8|\boldsymbol{f}|^3 = (2|\boldsymbol{f}|)^3 = (1\,\text{辺})^3$$

となり，立方体の体積 V を求めることができました。

　正多面体の 1 辺の長さを a とするとき，外接球の半径 R，内接球の半径 r，表面積 S，体積 V の諸量の公式を紹介しておきます。

正多面体 / 諸量	正四面体	正六面体	正八面体	正十二面体	正二十面体
R	$\dfrac{\sqrt{6}}{4}a$	$\dfrac{\sqrt{3}}{2}a$	$\dfrac{\sqrt{2}}{2}a$	$\dfrac{\sqrt{15}+\sqrt{3}}{4}a$	$\dfrac{\sqrt{10+2\sqrt{5}}}{4}a$
r	$\dfrac{\sqrt{6}}{12}a$	$\dfrac{1}{2}a$	$\dfrac{\sqrt{6}}{6}a$	$\dfrac{\sqrt{250+110\sqrt{5}}}{20}a$	$\dfrac{3\sqrt{3}+\sqrt{15}}{12}a$
S	$\sqrt{3}a^2$	$6a^2$	$2\sqrt{3}a^2$	$3\sqrt{25+10\sqrt{5}}\,a^2$	$5\sqrt{3}a^2$
V	$\dfrac{\sqrt{2}}{12}a^3$	a^3	$\dfrac{\sqrt{2}}{3}a^3$	$\dfrac{15+7\sqrt{5}}{4}a^3$	$\dfrac{15+5\sqrt{5}}{12}a^3$

積分で
面積・体積を求める

6.1 微分

　面積を求めるための強力な計算方法が積分法です。円の面積などを求めることができます。そのために，微分積分の基本を本節と次節で準備していきます。説明は主に視覚的に行い，厳密性は多少無視します。それでも，解析学的側面から面積を求める方法を紹介する第6章では数式が多く出てくるので，おおまかな理解でもかまいません。

　関数 $y = f(x)$ 上の点 $(x, f(x))$ から接線を引きます。接線の傾きを $f'(x)$ と表すと，2点間の傾きの極限として，

$$f'(x) = \lim_{h \to 0} \frac{f(x+h) - f(x)}{h}$$

となります。独立変数 x の変化量を Δx，x にともなう従属変数 y の変化量を Δy とし，$\dfrac{dy}{dx} = \lim_{\Delta x \to 0} \dfrac{\Delta y}{\Delta x}$ と書くこともあります。$f(x)$ から $f'(x)$ を求めることを微分といいます。

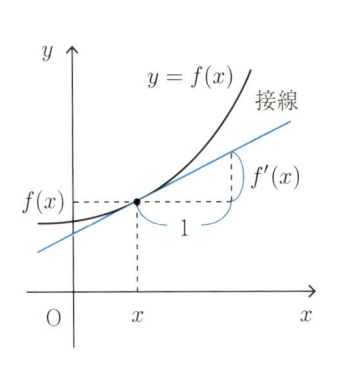

接線の傾き $f'(x)$, $\dfrac{dy}{dx}$

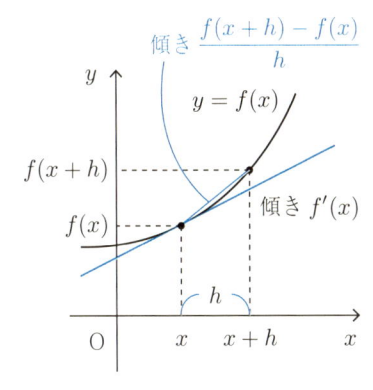

2 点間の傾き $\dfrac{f(x+h)-f(x)}{h}$

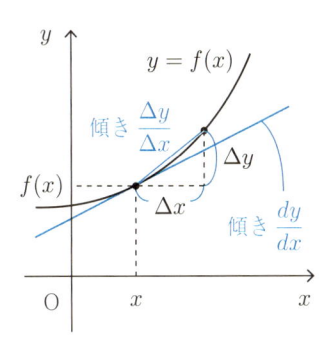

2 点間の傾き $\dfrac{\Delta y}{\Delta x}$

　高校では $\dfrac{dy}{dx}$ をひとかたまりのものと見ました。dx, dy を単独で扱うことや，$\dfrac{dy}{dx}$ を分数と見ることはあまりありませんでした。しかし，dx, dy を単独で扱うことで，微積分のさまざまな

公式が簡単に表記できます。では，dx，dy とは何でしょう？
実はこれは深い問題なのです。イメージとして例えば，Δx，Δy
を 0 に近づけていった無限小で，0 ではないがどんな実数よりも
0 に近い「もの」とも考えられます。しかし，そんな「もの」は
実数にはありません。

　ただ，無限小という「もの」を図でイメージするのに次のよう
な方法があります。$y = f(x)$ 上の点 $(x, f(x))$ を中心として ∞
倍率の顕微鏡で拡大します。すると，曲線は直線に見えます。そ
の世界で，点 $(x, f(x))$ から直線上の点までの横の距離が無限小
dx，縦の距離が無限小 dy です。それはもはや実数ではなく，dx
を何倍しても無限小のままです。図で破線で囲ったように，この
dx，dy のイメージは，実数と同じ世界では描いていないことに
注意してください。

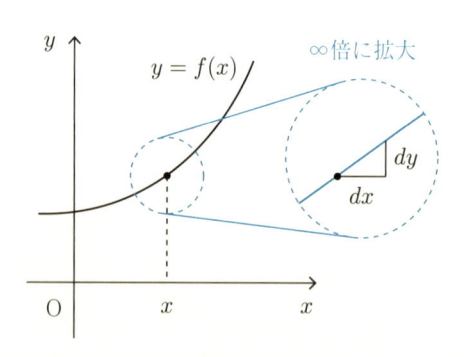

dx，dy は無限小

　図でイメージする別の方法もあります。dx, dy を無限小ではなく，接線上の点の座標と見るのです。接線はグラフ上の点ごとにあるので，その座標のことを局所座標といいます。この dx, dy のイメージは，実数と同じ世界で描いていることに注意してください。先ほどは一応，点 (x, y) から (dx, dy) だけ変化した点は曲線 $y = f(x)$ 上の点と見ていたのですが，こちらの方法では，点 (x, y) から (dx, dy) だけ変化した点は接線上の点と見ています。そうすれば，$dy = f'(x)dx$ という式も納得できます。

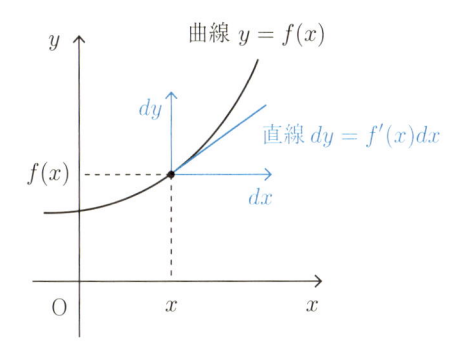

dx, dy は接線の局所座標

　このように，dx, dy には無限小という意味合いと局所座標の意味合いを考えることがあるのですが，それらの意味を同時に込めて，正統的に理論を展開していくのは困難なのです。物理や工学系の分野では dx, dy に無限小（もしくは微小）の意味を込めていることが多く，数学の解析学の分野では dx, dy に局所座標

（もしくは 1 次近似）の意味を込めていることが多いです。また，数学の微分幾何の分野では，dx，dy を微分形式とし，文字通り形式的なものとして，演算法則をもとに扱われていることが多いです。ただそこでは図はほとんどなく，初学者が理解するのは困難です。このように，dx，dy は，どの分野にも共通する解釈をもつことはできそうにないのです。

　本書での立場を述べます。dx は x の微小変化 とします。関数 $y = f(x)$ に対し，dy は dx にともなう微小変化として，$dy := f(x + dx) - f(x)$ を定義式 とします。関数 $y = f(x)$ 上の点 $(x, f(x))$ における接線の傾きを $f'(x)$ とすると，次の左図のようになるので，$dy \fallingdotseq f'(x)dx$ を近似式 とします。両辺を dx で割ると $\dfrac{dy}{dx} \fallingdotseq f'(x)$ となりますが，この左辺のような分数式が出てきたら $dx \to 0$ と極限をとるという約束をします。すると，近似式は等式となり，$\dfrac{dy}{dx} = f'(x)$ と書けます。いっそ，$dy \fallingdotseq f'(x)dx$ という近似式においても，等号を用いて，$dy = f'(x)dx$ と書くことにします。つまり，dy は次の右図のようにも描きます。次の 2 つの図では dy の表す長さは違うはずなのに，まるで同じ長さとして描くことにするのです。あいまいで申し訳ないのですが，本書では視覚化を優先するためにこのような立場をとります。他の本と記号の意味合いが違う場合があるので注意してください。

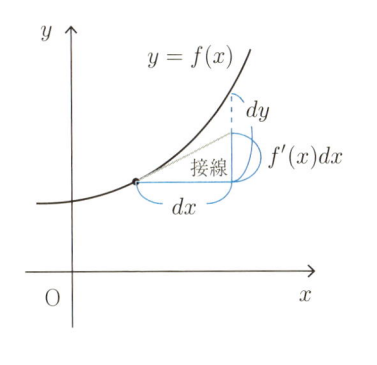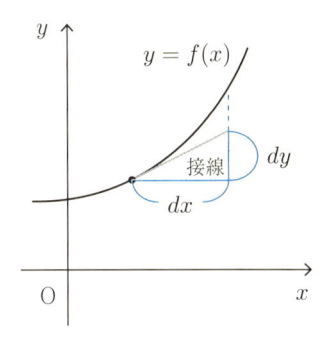

$$dy \fallingdotseq f'(x)dx \qquad\qquad dy = f'(x)dx$$

例えば $y = f(x) = x^2$ において，

$$dy := f(x + dx) - f(x) = (x + dx)^2 - x^2 = 2xdx + (dx)^2$$

$$dy \fallingdotseq f'(x)dx = (x^2)'dx = 2xdx$$

ですが，$dy = f'(x)dx$ と書くということは，$(dx)^2 = 0$ ということを意味しています。x を正方形の 1 辺，x^2 を正方形の面積，dx を辺の微小変化だとすると図のようなイメージになります。

　以下，図をイメージしながら直感的に微分・積分の公式を簡単に説明（証明ではない）していきます。

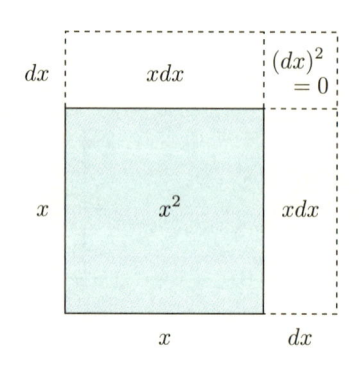

破線で囲まれた領域の面積が dy

　関数 $y = f(x)$ において，特に断らず $y = f$ や $y = y(x)$ と書いたり，dy を df や $df(x)$ と書いたりすることもあります。

（ⅰ）　関数の積の微分公式を説明します。

　$df = f(x + dx) - f(x)$ より，$f(x + dx) = f(x) + df$ です。
$y = f(x)g(x)$ において，

$$d(fg) = f(x + dx)g(x + dx) - f(x)g(x)$$
$$= (f + df)(g + dg) - fg$$
$$= (df)g + f(dg) + (df)(dg)$$

は図の破線で囲まれた領域の面積になりますが，

$$(df)(dg) = f'(x)dx \cdot g'(x)dx = f'(x)g'(x)(dx)^2 = 0$$

なので，

$$d(fg) = (df)g + f(dg) \qquad (\text{ライプニッツ則})$$

となります。

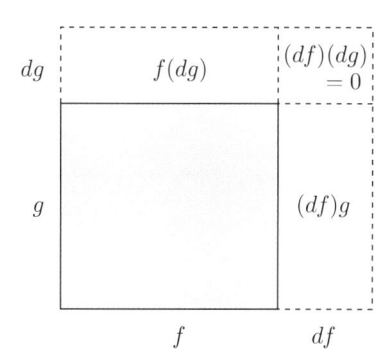

破線で囲まれた領域の面積が $d(fg)$

（ ii ）　合成関数の微分公式を説明します。

$y = f(u)$, $u = g(x)$ の合成関数 $y = f(g(x))$ において，

$$\frac{dy}{dx} = \frac{dy}{du} \cdot \frac{du}{dx}$$

となります。図のようなイメージになります。

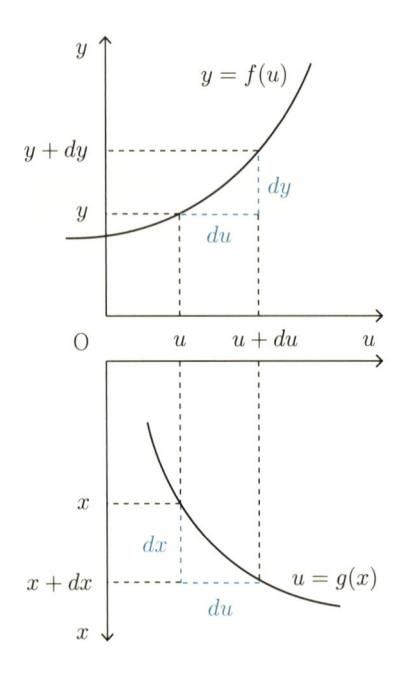

　今度は，同じ合成関数ですが表記を少し変えます。$y = f(x)$，$x = x(t)$ の合成関数 $y = f(x(t))$ において，

$$\frac{dy}{dt} = \frac{dy}{dx} \cdot \frac{dx}{dt}, \ \text{つまり}, \ \ dy = \frac{dy}{dx} \cdot \left(\frac{dx}{dt} dt\right)$$

となります。t を時刻，$x(t)$ をそのときの位置とみなすと，$\dfrac{dx}{dt}$ は瞬間速度となります。次の図のグラフにおいて，時刻が dt 変化すると位置が $\dfrac{dx}{dt} dt$ 変化し，高さが $\dfrac{dy}{dx} \cdot \left(\dfrac{dx}{dt} dt\right)$ 変化するとみなせます。

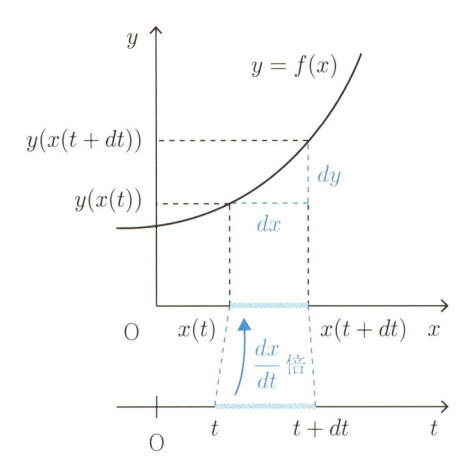

(ⅲ)　逆関数の微分公式を説明します。

　$y = y(x)$ に逆関数があるとき，$x = x(y)$ と書くと，

$$\frac{dy}{dx} = \frac{1}{\frac{dy}{dx}}$$

となります。逆関数のグラフは $y = x$ に関して対称であること
から，図のようなイメージになります。

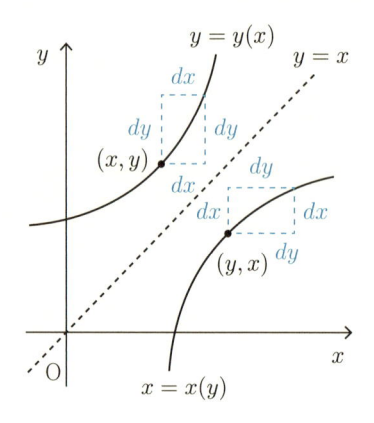

(iv)　パラメータで表された関数の微分公式を説明します。

　関数 $y = f(x)$ のグラフが $x = x(t)$, $y = y(t)$ とパラメータ t で表されているとき，

$$\frac{dy}{dx} = \frac{\frac{dy}{dt}}{\frac{dx}{dt}}$$

となります。これは t を時刻とみなすと，点 $(x(t), y(t))$ がグラフ上を動いていくことになり，$\begin{pmatrix} \frac{dx}{dt} \\ \frac{dy}{dt} \end{pmatrix}$ は速度ベクトルになります。接線の方向は，速度ベクトルの方向に一致します。一般に，点の座標は横表記，ベクトルの成分は縦表記することが多いです。

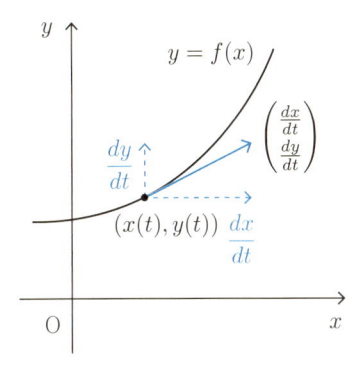

(ⅴ)　２階微分を説明します。

$y = f(x)$ のとき $dy = f'(x)dx$, つまり, $dy = y'dx$ でしたが, y を y' に置き換えると, $dy' = y''dx$ となります。$dy = y'dx$ の両辺に d を作用させてみます。d は, 式の x を $x + dx$ に書き換えたものからもとの式を引くという意味で,

$$d^2y = d(dy) = d(y'dx) = dy'dx = y''dxdx = y''(dx)^2$$

と書けますが, $(dx)^2 = 0$ なので $d^2y = 0$ となるのでしょうか？　実はこれは場合によります。$(dx)^2 = 0$ と近似するときと, $(dx)^2 \neq 0$ と近似するときがあるのです。

対象 世界	x	dx	$(dx)^2$	$(dx)^3$
実数	x	0	0	0
1 次の微小	x	dx	0	0
2 次の微小	x	dx	$(dx)^2$	0

表のように 1 次の微小の世界では $(dx)^2 = 0$ と近似し，$d^2y = 0$ とします。2 次の微小の世界では $(dx)^2 \neq 0$ と近似します。このとき，$d^2y = y''(dx)^2$ の両辺を $(dx)^2$ で割り，$\dfrac{d^2y}{dx^2} = y''$ と書きます。

　1 次の微小の世界では，

$$dy = f(x + dx) - f(x), \quad dy = f'(x)dx \text{ より,}$$

$$f(x + dx) = f(x) + f'(x)dx$$

でした。しかし，2 次の微小の世界では，右辺を左辺の近似として，より精密に，

$$f(x + dx) = f(x) + f'(x)dx + A(dx)^2$$

という形で考えることがあります。A を具体的に求めるには，$df(x) = f(x + dx) - f(x)$ の両辺に d を作用させてみます。

$$
\begin{aligned}
d^2 f(x) &= d\{df(x)\} = d\{f(x + dx) - f(x)\}\\
&= f((x + dx) + dx) - f(x + dx) - \{f(x + dx) - f(x)\}\\
&= f(x + 2dx) - 2f(x + dx) + f(x)\\
&= f(x) + f'(x) \cdot 2dx + A(2dx)^2\\
&\quad - 2\{f(x) + f'(x)dx + A(dx)^2\} + f(x)\\
&= 2A(dx)^2
\end{aligned}
$$

よって，$A = \dfrac{1}{2}\dfrac{d^2 f(x)}{dx^2} = \dfrac{f''(x)}{2}$ となります。つまり，

$$f(x + dx) = f(x) + f'(x)dx + \frac{f''(x)}{2}(dx)^2$$

といった近似式が得られます。これは 2 次の近似と呼ばれます。
もっともっと精密にしていくと

$$f(x + dx)$$
$$= f(x) + f'(x)dx + \frac{f''(x)}{2}(dx)^2 + \cdots + \frac{f^{(n)}(x)}{n!}(dx)^n$$

になります。

　本書では，主に，

$$(dx)^2 = 0, \quad f(x + dx) = f(x) + f'(x)dx$$

と近似していきます。つまり，dx の式では 2 次以降を無視して
等式で書いていきます。

6.2 定積分で面積を求める

　次に積分です。高校数学では先に不定積分を定め，その後，定積分を定めましたが，本来，積分といえば定積分のことです。

$\int_a^b dx$ は，図のように位置 x，長さ dx のピースが区間 $[a,b]$ をジグソーパズルのようにピッタリとうめる場合を考え，それぞれにおける dx の合計を表します。それぞれにおける dx は同じでなくてもかまいません。前節で書いたように，本書では dx に微小変化（無限小ではない）の意味をもたせています。ここでまた，積分記号が出てきたら $dx \to 0$ と極限をとるという約束をします。$\int_a^b dx = b - a$ となります。

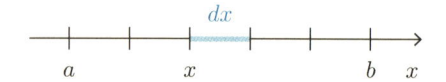

　次に，$y = y(x) = f(x)$ において，

$$\int_{x=a}^{x=b} dy = \int_a^b dy(x) = \int_a^b \{f(x+dx) - f(x)\}$$

$$= \int_a^b f'(x)dx = f(b) - f(a)$$

となります。図で説明します。

（ⅰ）　第1式の $\displaystyle\int_{x=a}^{x=b} dy$ は，位置 x，長さ dx のピースが区間 $[a,b]$ をジグソーパズルのようにピッタリとうめる場合を考え，それぞれにおける dy の合計を表します。$\displaystyle\int_{a}^{b} dy$ と書くと，区間 $[a,b]$ が x に関するものか，y に関するものかわからなくなるので $\displaystyle\int_{x=a}^{x=b}$ と書いています。下図から，その値は $f(b)-f(a)$ になります。

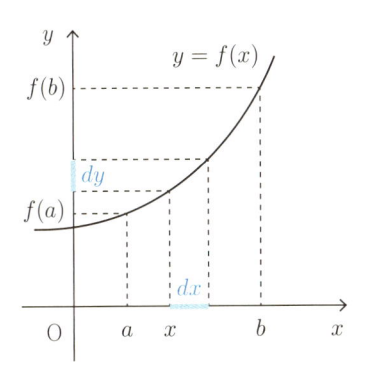

（ⅱ）　第2式は，第1式に $y=y(x)$ を代入して，$\displaystyle\int_{x=a}^{x=b} dy = \int_{a}^{b} dy(x)$ と書いています。右辺では区間 $[a,b]$ が x に関するものとわかるので，$\displaystyle\int_{x=a}^{x=b}$ を $\displaystyle\int_{a}^{b}$ と書いています。

（ⅲ）　第3式は，第1式に $dy=f(x+dx)-f(x)$ を代入して，$\displaystyle\int_{x=a}^{x=b} dy = \int_{a}^{b}\{f(x+dx)-f(x)\}$ と書いています。これは次の図のような意味にも解釈できます。図では $f(x+dx)$ を上向

き矢印，$-f(x)$ を下向き矢印として表しています。位置 x，長さ dx のピースが区間 $[a, b]$ をジグソーパズルのようにピッタリとうめる場合を考え，$f(x + dx)$ という矢印と $-f(x)$ という矢印たちの合計を考えます。すると，隣の矢印は次々とキャンセルされ，右端の矢印 $f(b)$ と左端の矢印 $-f(a)$ だけが残るので，合計は $f(b) - f(a)$ となります。

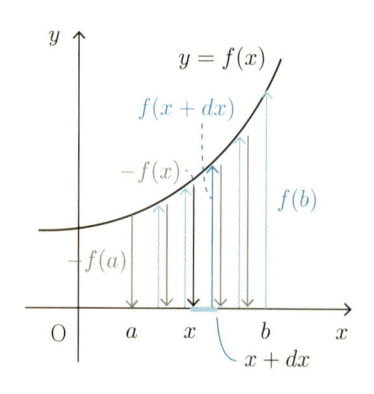

(iv) 第4式は，第1式に $dy = f'(x)dx$ を代入して，$\displaystyle\int_{x=a}^{x=b} dy = \int_a^b f'(x)dx$ と書いています。これは次の図のような意味にも解釈できます。$f'(x)dx$ は図の青太線部分の長さになります。それを合計し，積分記号が出てきたら $dx \to 0$ と極限をとるという約束から，$f(b) - f(a)$ になります。しかし，この説明には違和感をもつ人がいるかもしれません。そこで1次の近似式 $dy = f'(x)dx$ を2次の近似式 $dy = f'(x)dx + \dfrac{f''(x)}{2}(dx)^2$ という形にします。位置 x，長さ dx のピースが区間 $[a, b]$ をジグ

ソーパズルのようにピッタリとうめる場合を考え，それぞれにおける両辺の合計を考えます。すると，

$$dy = f'(x)dx + 2 次の微小$$

という式は，

$$f(b) - f(a) = \int_a^b f'(x)dx + 1 次の微小$$

つまり，$f(b) - f(a) = \int_a^b f'(x)dx + A'dx$ という形になります。積分記号が出てきたら $dx \to 0$ と極限をとるという約束で，結局，

$$\int_a^b f'(x)dx = f(b) - f(a)$$

となります。

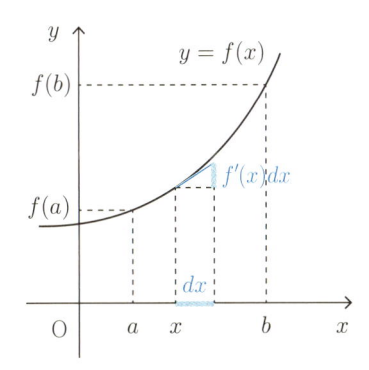

　この式は微積分学の基本定理と呼ばれています。

233

$$\int_a^b f'(x)dx = f(b) - f(a)$$

　本書ではわかりやすさを優先して図で説明していますが，本来は証明されるべきことです。その証明は簡単ではありません。

　$\int_a^b f'(x)dx = f(b) - f(a)$ において，$g(x) = f'(x)$ とします。$g(x)$ が具体的に与えられたとき $f(x)$ を求めることを考えましょう。求められる場合と求められない（既知の関数では表せない）場合があります。

　例えば，$g(x) = 2x$ と与えられると，$f'(x) = 2x$ となる $f(x)$ は，$f(x) = x^2 + C$（C は積分定数）と求められます。$g(x) = e^{x^2}$ と与えられると，$f'(x) = e^{x^2}$ となる $f(x)$ は求められません。

$$f'(x) = g(x)$$

という関数方程式（微分方程式）において，$f(x)$ は未知の関数，$g(x)$ は既知の関数の扱いです。この関数方程式の解を，

$$f(x) = \int g(x)dx$$

と書きます。余談ですが，方程式 $2x = 1$ の解を書き表すのに，$x = \dfrac{1}{2}$ という分数表記が作られ，$x^2 = 3$ の解を書き表すのに，$x = \pm\sqrt{3}$ という根号表記が作られたと考えると，$\int \square dx$ という表記も関数方程式の解を表すために作られたものです。$\int$ は

インテグラルと呼ばれます。分数表記，根号表記によって新しい数が作られたように，インテグラル表記によって新しい関数が作られます。$f'(x) = e^{x^2}$ となる $f(x)$ は求められません，と書きましたが，正確には既知の関数では表せないという意味であり，解は存在します。それを，$f(x) = \int e^{x^2} dx$ と書こう，というだけのことです。これを不定積分といいます。不定積分の記号は定積分の記号 $\int_a^b \square dx$ がもとになっているのでしょう。$\int$ は総和（summation）の s がもとになっています。筆者としては，$f'(x) = g(x)$，つまり，$\dfrac{d}{dx} f(x) = g(x)$ なのだから，形式的に，$f(x) = d^{-1} g(x) dx$，つまり，$\int = d^{-1}$ として書けばよいのにと思うのですが，仕方ありません。

余談が長くなりましたが，$\int_a^b f'(x) dx = f(b) - f(a)$ において，$g(x) = f'(x)$ とすると，$f(x) = \int g(x) dx$ となります。$\int g(x) dx$ が既知の関数で表されるとき，1 つには定まらず定数の差は違ってもよいのですが，その中の 1 つを $G(x)$ として $f(x) = G(x)$ とします。すると，

$$\int_a^b g(x) dx = G(b) - G(a)$$

となります。この右辺を $\left[G(x) \right]_a^b$ と書きます。

$\int_a^b g(x) dx$ のイメージは，次の図の長方形の面積の合計の極限なので，$y = g(x)$（ただし，値域は 0 以上とする），x 軸，$x = a$，$x = b$ で囲まれた領域の面積を S とすると，

$$S = \int_a^b g(x) dx$$

となります。

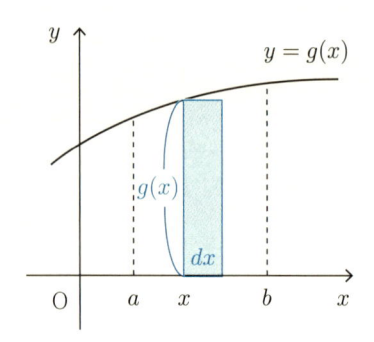

$\int g(x)dx$ が既知の関数で表されないとき，$\int_a^b g(x)dx$ を求めるのに，数値積分のテクニック（6.7 節参照）を使って近似値で計算することがあります。

6.3 定積分で円の面積を求める

定積分を用いて，半径 1 の円の面積 S を求めてみましょう。**部分積分**の公式 $\displaystyle\int_a^b f'(x)g(x)dx = \left[f(x)g(x)\right]_a^b - \int_a^b f(x)g'(x)dx$ を使います。p.238 の図のように，$y = \sqrt{1-x^2}$，x 軸，$x = 0$，$x = 1$ で囲まれた領域の面積の 4 倍なので，

$$
\begin{aligned}
S &= 4\int_0^1 \sqrt{1-x^2}\,dx = 4\int_0^1 (x)'\sqrt{1-x^2}\,dx \\
&= 4\left[x\sqrt{1-x^2}\right]_0^1 - 4\int_0^1 x(\sqrt{1-x^2})'\,dx \\
&= -4\int_0^1 x\cdot\frac{-2x}{2\sqrt{1-x^2}}\,dx \\
&= -4\int_0^1 \frac{1-x^2}{\sqrt{1-x^2}}\,dx + 4\int_0^1 \frac{1}{\sqrt{1-x^2}}\,dx \\
&= -S + 4\int_0^1 \frac{1}{\sqrt{1-x^2}}\,dx
\end{aligned}
$$

ここで，$\displaystyle\int \frac{1}{\sqrt{1-x^2}}\,dx = \sin^{-1} x + C$（$C$ は積分定数，$\sin^{-1} x$ は $\sin x$ の逆関数）です。なぜなら，$y = \sin^{-1} x$ $\left(-\dfrac{\pi}{2} \leqq y \leqq \dfrac{\pi}{2}\right)$ とおくと，$x = \sin y$ です。これを y で微分すると，$\dfrac{dx}{dy} = \cos y = \sqrt{1-\sin^2 y} = \sqrt{1-x^2}$，つまり，$\dfrac{dy}{dx} = \dfrac{1}{\frac{dx}{dy}} = \dfrac{1}{\sqrt{1-x^2}}$ となるからです。よって，

$$S = 2 \int_0^1 \frac{1}{\sqrt{1-x^2}} dx = 2 \left[\sin^{-1} x\right]_0^1$$
$$= 2(\sin^{-1} 1 - \sin^{-1} 0) = \pi$$

となります。円の面積をシグマ計算で,

$$S = 4 \lim_{n \to \infty} \sum_{k=0}^{n-1} \sqrt{1 - \left(\frac{k}{n}\right)^2} \frac{1}{n}$$

と求めようとしてもうまく求められないことを考えると, 微積分学の基本定理のすごさがわかります。

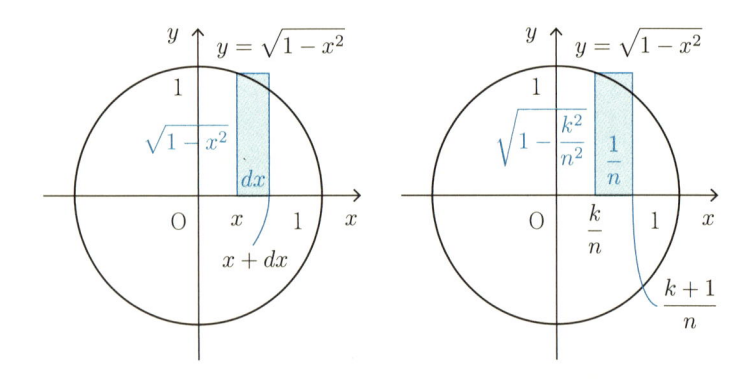

　円の面積を**置換積分**で求めることもできます。$y = \sqrt{1-x^2}$ $(0 \leqq x \leqq 1)$ において, $x = \sin t$ $\left(0 \leqq t \leqq \frac{\pi}{2}\right)$ とします。これは x 軸の目盛りを t に関する目盛りに変えることを意味します。t を時刻, $x = \sin t$ をそのときの位置とみなすと, $\frac{dx}{dt} = \frac{d}{dt} \sin t = \cos t$ は瞬間速度となります。次の図のグラフにおいて, 時刻が dt 変化すると位置が $\frac{dx}{dt} dt = (\cos t) dt$ 変化し

ます。それは図の長方形の横の長さです。長方形の縦の長さは，$y = \sqrt{1 - \sin^2 t} = \cos t$ となります。長方形の面積を足しあわせて四分円の面積を求めることは，位置 t，長さ dt のピースが区間 $\left[0, \dfrac{\pi}{2}\right]$ をジグソーパズルのようにピッタリとうめる場合を考え，それぞれにおける長方形の面積 $ydx = \cos t \cdot (\cos t)dt$ の合計の極限を考えることになります。よって，

$$S = 4 \int_0^1 \sqrt{1 - x^2}dx = 4 \int_0^{\frac{\pi}{2}} \cos t \cdot (\cos t)dt$$

$$= 4 \int_0^{\frac{\pi}{2}} \frac{1 + \cos 2t}{2}dt = \frac{4}{2}\left[t + \frac{\sin 2t}{2}\right]_0^{\frac{\pi}{2}} = \pi$$

となります。

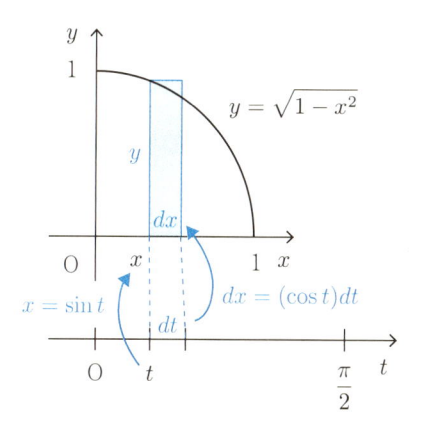

　ただし，上の求め方には論理的にあやしいことがあります。高校数学では，まず，次の図の母線 1，中心角 θ のおうぎ形の面積が，単位円の面積 π の $\dfrac{\theta}{2\pi}$ 倍であることを前提とし，おうぎ形

と 2 つの三角形の面積を比較して，$\sin\theta < \theta < \tan\theta$ をもとに $\displaystyle\lim_{\theta\to 0}\frac{\sin\theta}{\theta} = 1$ を示します。そして，これを出発点として三角関数の微積分を構築します。ですから，$S = 4\displaystyle\int_0^1 \sqrt{1-x^2}dx$ の計算を三角関数の微積分を用いて計算することは，循環論法になります。大学の厳密な数学では，三角関数や π を，図形を用いずに数式で定義していきます。

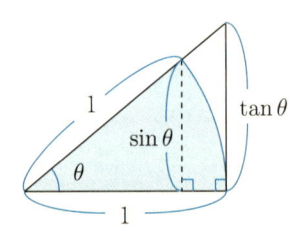

$$\sin\theta < \theta < \tan\theta$$

　一般に，$\displaystyle\int_a^b g(x)dx$ において，x が $x = x(t)$ とパラメータ t で表され，$x : a \to b$ のとき $t : \alpha \to \beta$ となるとき，

$$\int_a^b g(x)dx = \int_\alpha^\beta g(x(t))\frac{dx}{dt}dt$$

となります。これを置換積分といいます。

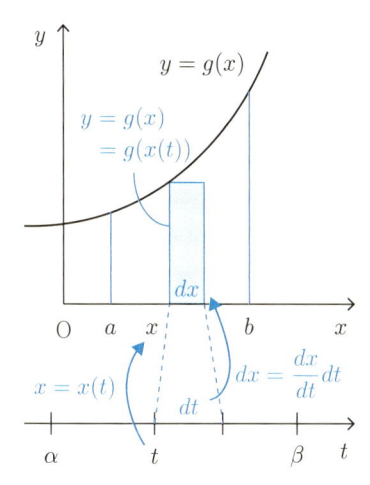

　2 変数関数 $z = f(x, y)$ を考えます。x, y は独立変数，z は従属変数です。グラフは 3 次元空間に描かれる曲面となります。

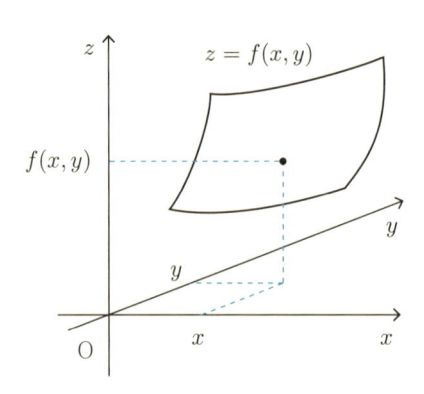

　z の微小変化を

$$dz = f(x + dx, y + dy) - f(x, y)$$

とします。また，一方の変数のみが変化したときを考え，

$$\frac{\partial z}{\partial x} = \frac{f(x + dx, y) - f(x, y)}{dx}$$
$$\frac{\partial z}{\partial y} = \frac{f(x, y + dy) - f(x, y)}{dy}$$

とします。右辺では分数記号があるので，本書の約束で，それぞ

れ $dx \to 0$, $dy \to 0$ と極限をとっています。これを偏微分といいます。$\dfrac{\partial z}{\partial x}$ は曲面を y が一定の平面で切ったときにできる曲線上の点 (x, y, z) における傾きです。$\dfrac{\partial z}{\partial y}$ は曲面を x が一定の平面で切ったときにできる曲線上の点 (x, y, z) における傾きです。このとき，

$$dz = \frac{\partial z}{\partial x}dx + \frac{\partial z}{\partial y}dy$$

$$つまり, f(x+dx, y+dy) = f(x,y) + \frac{\partial z}{\partial x}dx + \frac{\partial z}{\partial y}dy$$

となることが下図からわかります。曲面上の点 (x, y, z) における接平面を考え，図中の青太線の三角形どうしは合同であることから，高さの変化 dz の 1 次近似が $\dfrac{\partial z}{\partial x}dx + \dfrac{\partial z}{\partial y}dy$ となるのです。これを全微分といいます。

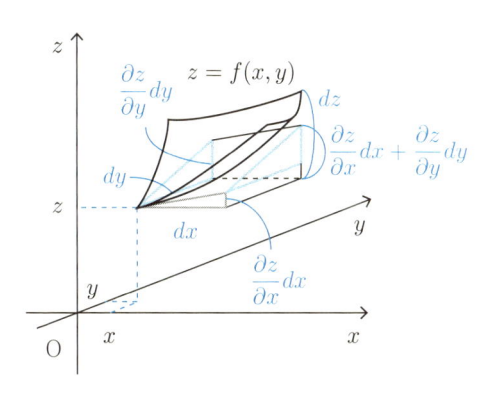

　2 変数関数の積分を考えます。$\displaystyle\int_D dxdy$ は図のように，位置 (x, y)，面積 $dxdy$ のピースが平面上の領域 D をジグソーパズル

のようにうめる場合を考え，それぞれにおける面積 $dxdy$ の合計の極限を表します。それぞれにおける $dxdy$ は同じでなくてもかまいません。グニャグニャした領域を長方形でうめつくすことはできないように思えますが，積分記号が出てきたら $dx \to 0$，$dy \to 0$ と極限をとるという約束をするので，領域 D の面積を S とすると，

$$S = \int_D dxdy$$

となります。

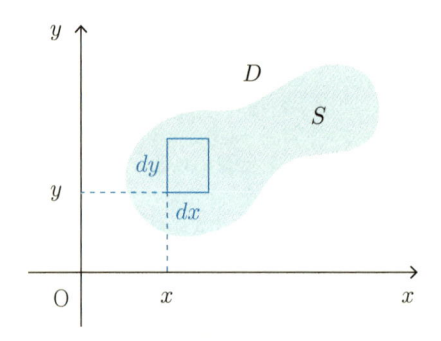

次に，$\displaystyle\int_D f(x,y)dxdy$ は図のように，位置 (x, y)，面積 $dxdy$ のピースが平面上の領域 D をジグソーパズルのようにうめる場合を考え，それぞれにおける直方体の微小体積 $f(x,y)dxdy$ の合計の極限を表します。曲面 $z = f(x,y)$ を上面，領域 D を下面とする立体の体積を V とすると，

$$V = \int_D f(x,y)dxdy$$

となります。これを**重積分**といいます。

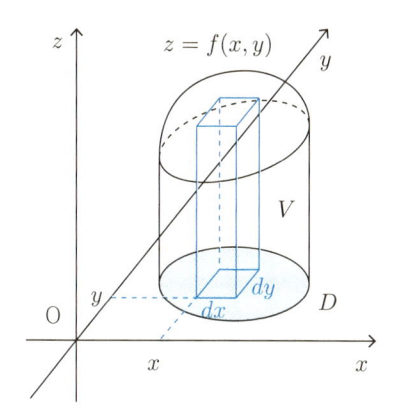

（ⅰ）　具体的に次の左図の三角錐の体積 V を求めてみましょう。
上面の曲面は，$z = 1 - x - y$，下面の領域 D は，$0 \leqq y \leqq 1 - x$，
$0 \leqq x \leqq 1$ です。いま，位置 (x, y)，面積 $dxdy$ のピースは，x
が同じなら dx も同じと考えることで，

$$
\begin{aligned}
V &= \int_{0 \leqq y \leqq 1-x, 0 \leqq x \leqq 1} (1 - x - y) dxdy \\
&= \int_0^1 \left\{ \int_0^{1-x} (1 - x - y) dy \right\} dx \\
&= \int_0^1 \left[(1 - x)y - \frac{y^2}{2} \right]_0^{1-x} dx \\
&= \int_0^1 \frac{(1 - x)^2}{2} dx = \left[-\frac{(1 - x)^3}{6} \right]_0^1 = \frac{1}{6}
\end{aligned}
$$

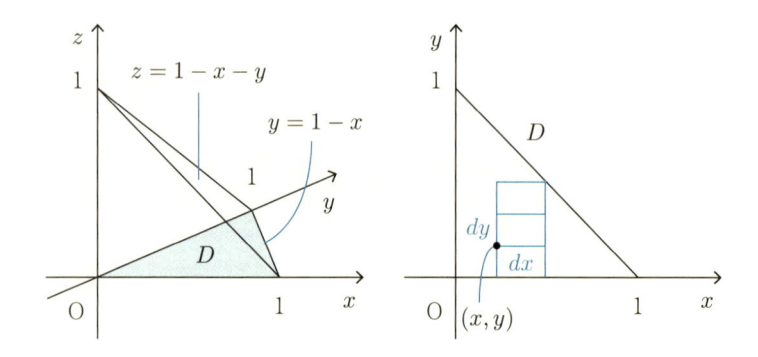

(ⅱ) 半径 1 の球の体積 V を求めてみましょう。上面の曲面は，$z = \sqrt{1 - x^2 - y^2}$ なので，

$$V = 8 \int_D \sqrt{1 - x^2 - y^2} \, dx dy$$
$$(D : 0 \leqq y \leqq \sqrt{1 - x^2}, \ 0 \leqq x \leqq 1)$$

となります。ここで $x = r \cos\theta$, $y = r \sin\theta$ とします。これは座標変換や変数変換と呼ばれる方法で，置換積分と似ています。点 (x, y) が含まれる領域 D が，点 (r, θ) が含まれる領域 D' に対応するとすれば，

$$D' : 0 \leqq r \leqq 1, \ 0 \leqq \theta \leqq \frac{\pi}{2}$$

となります。xy 平面上の点 (x, y) において，r は原点からの距離，θ は x 軸正方向からの偏角を意味します。

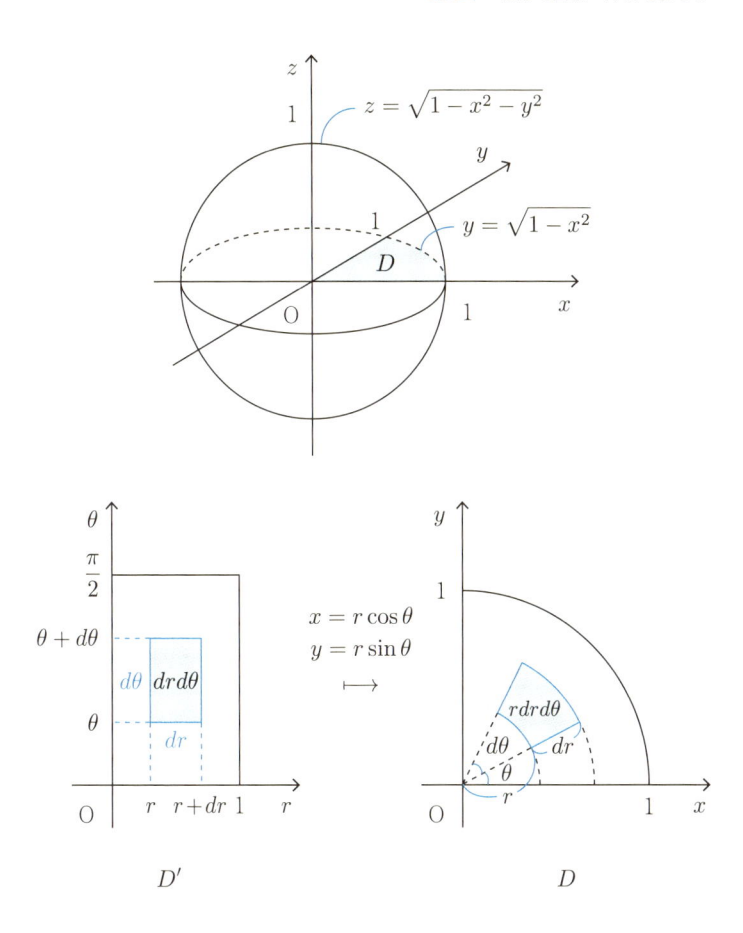

$r\theta$ 平面の横 dr，縦 $d\theta$ の微小長方形は，xy 平面の微小パイン形に対応します。微小パイン形の面積は，母線 $r + dr$，中心角 $d\theta$ のおうぎ形から，母線 r，中心角 $d\theta$ のおうぎ形を引いて，

$$\frac{1}{2}(r + dr)^2 d\theta - \frac{1}{2}r^2 d\theta = rdrd\theta + \frac{1}{2}(dr)^2 d\theta = rdrd\theta$$

ただし，$(dr)^2 d\theta$ はより高次の微小なので 0 としました。領域

247

D' の微小長方形の面積 $drd\theta$ が r 倍されて，領域 D の微小パイン形の面積 $rdrd\theta$ になります。

また，$x = r\cos\theta,\ y = r\sin\theta$ より，

$$\sqrt{1 - x^2 - y^2} = \sqrt{1 - r^2\cos^2\theta - r^2\sin^2\theta} = \sqrt{1 - r^2}$$

となります。よって，

$$V = 8\int_{D'}\sqrt{1 - r^2}rdrd\theta = 8\int_0^{\frac{\pi}{2}}\left(\int_0^1 r\sqrt{1 - r^2}dr\right)d\theta$$

$$= 8\int_0^{\frac{\pi}{2}}\left[-\frac{1}{3}(1 - r^2)^{\frac{3}{2}}\right]_0^1 d\theta = \frac{8}{3}\int_0^{\frac{\pi}{2}}d\theta = \frac{4}{3}\pi$$

この座標変換の考え方を一般化してみます。他書には詳しく書かれていなくて筆者自身が悩んだことが理解してもらえるように，じっくり丁寧に書きます。

2変数関数 $z = f(x, y)$ を xy 平面上の領域 D で積分した $\displaystyle\int_D f(x, y)dxdy$ において，$x = x(u, v),\ y = y(u, v)$ と座標変換されているとします。点 (x, y) が含まれる領域 D が，点 (u, v) が含まれる領域 D' に対応するとします。

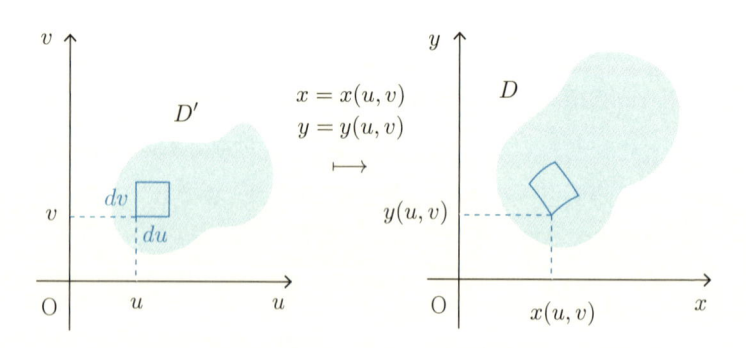

x, y の全微分を行列を用いて表します。

$$\begin{cases} dx = \dfrac{\partial x}{\partial u}du + \dfrac{\partial x}{\partial v}dv \\ dy = \dfrac{\partial y}{\partial u}du + \dfrac{\partial y}{\partial v}dv \end{cases}$$

つまり，$\begin{pmatrix} dx \\ dy \end{pmatrix} = \begin{pmatrix} \frac{\partial x}{\partial u} & \frac{\partial x}{\partial v} \\ \frac{\partial y}{\partial u} & \frac{\partial y}{\partial v} \end{pmatrix} \begin{pmatrix} du \\ dv \end{pmatrix}$

ここで，$J = \begin{pmatrix} \frac{\partial x}{\partial u} & \frac{\partial x}{\partial v} \\ \frac{\partial y}{\partial u} & \frac{\partial y}{\partial v} \end{pmatrix}$ とおきます。J はヤコビ行列（ヤコビアン）と呼ばれます。前ページ左図の微小長方形や前ページ右図の微小パイン形（実際にはどういった形か不明だが仮にこう呼ぶ）に注目します。

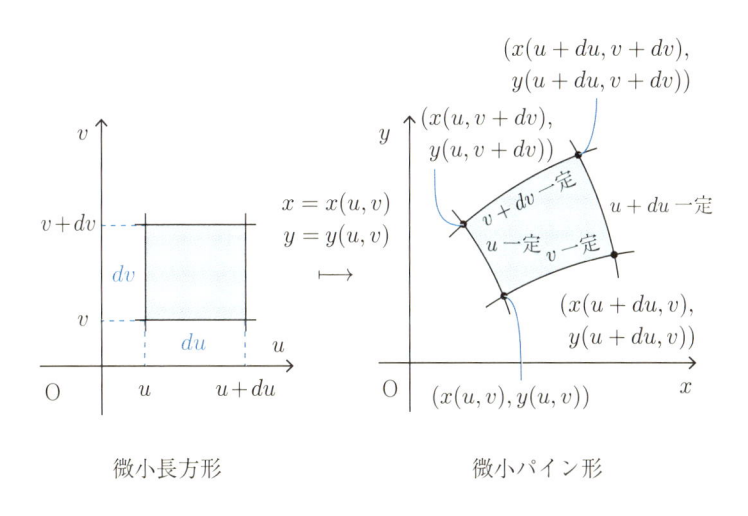

微小長方形   微小パイン形

点 (x, y) や点 (u, v) を原点に移動させて描き直します。上の行列表示は，du, dv でできる長方形の 1 次変換とみなせるので，

微小パイン形は微小平行四辺形とみなせます。1 次変換で、

$$\begin{pmatrix} \frac{\partial x}{\partial u} & \frac{\partial x}{\partial v} \\ \frac{\partial y}{\partial u} & \frac{\partial y}{\partial v} \end{pmatrix} \begin{pmatrix} du \\ dv \end{pmatrix} = \begin{pmatrix} dx \\ dy \end{pmatrix}, \quad \begin{pmatrix} \frac{\partial x}{\partial u} & \frac{\partial x}{\partial v} \\ \frac{\partial y}{\partial u} & \frac{\partial y}{\partial v} \end{pmatrix} \begin{pmatrix} du \\ 0 \end{pmatrix} = \begin{pmatrix} \frac{\partial x}{\partial u} du \\ \frac{\partial y}{\partial u} du \end{pmatrix},$$

$$\begin{pmatrix} \frac{\partial x}{\partial u} & \frac{\partial x}{\partial v} \\ \frac{\partial y}{\partial u} & \frac{\partial y}{\partial v} \end{pmatrix} \begin{pmatrix} 0 \\ dv \end{pmatrix} = \begin{pmatrix} \frac{\partial x}{\partial v} dv \\ \frac{\partial y}{\partial v} dv \end{pmatrix}$$ なので次の図のようになります。

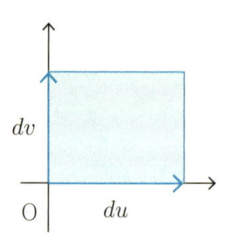

微小長方形

$$dx = \frac{\partial x}{\partial u} du + \frac{\partial x}{\partial v} dv$$

$$dy = \frac{\partial y}{\partial u} du + \frac{\partial y}{\partial v} dv$$

$$\longmapsto$$

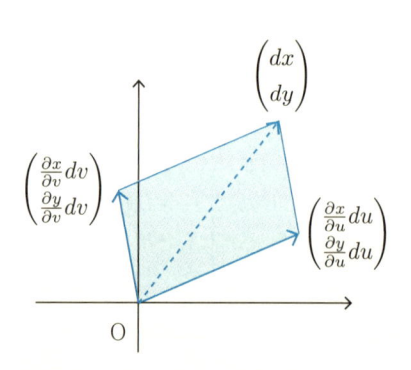

微小平行四辺形

　ここで，点 (du, dv) の表記に 2 通りの意味を込めようと思います。次の図の長方形の右上の点という意味と，長方形の内部の

任意の点という意味です。前者の意味のとき，(du, dv) を定点，後者の意味のとき，(du, dv) を動点ということにします。また，前者のとき，du, dv をそれぞれ定数，後者のとき，du, dv をそれぞれ変数ということにします。

微小長方形

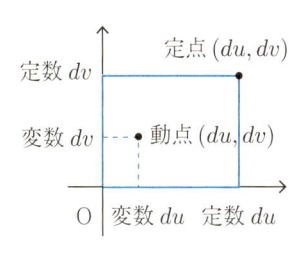

$$dx = \frac{\partial x}{\partial u}du + \frac{\partial x}{\partial v}dv$$

$$dy = \frac{\partial y}{\partial u}du + \frac{\partial y}{\partial v}dv$$

$$\longmapsto$$

微小平行四辺形

変数 du が 0 から定数 du までの範囲をくまなく動きまわり，変数 dv が 0 から定数 dv までの範囲をくまなく動きまわるとき，動点 (du, dv) は長方形の内部をくまなく動きまわります。長方

形の右上の点は定点 (du, dv) です。このとき，変数 du，変数 dv に依存する動点 (dx, dy) は，平行四辺形の内部をくまなく動きまわります。平行四辺形の右上の点は定点 (dx, dy) です。動点 (du, dv) といったら長方形をイメージし，動点 (dx, dy) といったら平行四辺形をイメージしてほしいのです。動点 (dx, dy) が，定点 (dx, dy) を右上の点とする長方形の内部を動きまわるわけではないことに注意してください。

平行四辺形の頂点は，$(0,0)$, $\left(\dfrac{\partial x}{\partial u}du, \dfrac{\partial y}{\partial u}du\right)$, $\left(\dfrac{\partial x}{\partial v}dv, \dfrac{\partial y}{\partial v}dv\right)$, $\left(\dfrac{\partial x}{\partial u}du + \dfrac{\partial x}{\partial v}dv, \dfrac{\partial y}{\partial u}du + \dfrac{\partial y}{\partial v}dv\right)$ なので，その符号付き面積は

$$
\begin{vmatrix} \dfrac{\partial x}{\partial u}du & \dfrac{\partial x}{\partial v}dv \\ \dfrac{\partial y}{\partial u}du & \dfrac{\partial y}{\partial v}dv \end{vmatrix} = \begin{vmatrix} \dfrac{\partial x}{\partial u} & \dfrac{\partial x}{\partial v} \\ \dfrac{\partial y}{\partial u} & \dfrac{\partial y}{\partial v} \end{vmatrix} dudv = |J|dudv
$$

となります。$J = \begin{pmatrix} \dfrac{\partial x}{\partial u} & \dfrac{\partial x}{\partial v} \\ \dfrac{\partial y}{\partial u} & \dfrac{\partial y}{\partial v} \end{pmatrix}$ はヤコビ行列（ヤコビアン）で，その行列式は，$|J| = \begin{vmatrix} \dfrac{\partial x}{\partial u} & \dfrac{\partial x}{\partial v} \\ \dfrac{\partial y}{\partial u} & \dfrac{\partial y}{\partial v} \end{vmatrix} = \dfrac{\partial x}{\partial u}\dfrac{\partial y}{\partial v} - \dfrac{\partial y}{\partial u}\dfrac{\partial x}{\partial v}$ となります。

ここで面積の式の左辺の行列式を，転置行列をとっても行列式は等しいことを用いて変形していきます。その際，$\overrightarrow{du} = \begin{pmatrix} du \\ 0 \end{pmatrix}$, $\overrightarrow{dv} = \begin{pmatrix} 0 \\ dv \end{pmatrix}$ とおきます。

$$
\begin{vmatrix} \dfrac{\partial x}{\partial u}du & \dfrac{\partial x}{\partial v}dv \\ \dfrac{\partial y}{\partial u}du & \dfrac{\partial y}{\partial v}dv \end{vmatrix} = \begin{vmatrix} \dfrac{\partial x}{\partial u}du & \dfrac{\partial y}{\partial u}du \\ \dfrac{\partial x}{\partial v}dv & \dfrac{\partial y}{\partial v}dv \end{vmatrix} \quad \text{（転置行列をとる）}
$$

$$
= \begin{vmatrix} \dfrac{\partial x}{\partial u}\begin{pmatrix} du \\ 0 \end{pmatrix} + \dfrac{\partial x}{\partial v}\begin{pmatrix} 0 \\ dv \end{pmatrix}, & \dfrac{\partial y}{\partial u}\begin{pmatrix} du \\ 0 \end{pmatrix} + \dfrac{\partial y}{\partial v}\begin{pmatrix} 0 \\ dv \end{pmatrix} \end{vmatrix}
$$

（2×2 行列を 2 つの列ベクトルとみなす）

$$= \left| \frac{\partial x}{\partial u}\overrightarrow{du} + \frac{\partial x}{\partial v}\overrightarrow{dv}, \frac{\partial y}{\partial u}\overrightarrow{du} + \frac{\partial y}{\partial v}\overrightarrow{dv} \right| \quad (\text{置き換え})$$

$$= \frac{\partial x}{\partial u}\frac{\partial y}{\partial u}|\overrightarrow{du}, \overrightarrow{du}| + \frac{\partial x}{\partial u}\frac{\partial y}{\partial v}|\overrightarrow{du}, \overrightarrow{dv}|$$

$$\quad + \frac{\partial x}{\partial v}\frac{\partial y}{\partial u}|\overrightarrow{dv}, \overrightarrow{du}| + \frac{\partial x}{\partial v}\frac{\partial y}{\partial v}|\overrightarrow{dv}, \overrightarrow{dv}| \quad (\text{展開する})$$

$$= \frac{\partial x}{\partial u}\frac{\partial y}{\partial v}|\overrightarrow{du}, \overrightarrow{dv}| - \frac{\partial x}{\partial v}\frac{\partial y}{\partial u}|\overrightarrow{du}, \overrightarrow{dv}|$$

$$(|\overrightarrow{du}, \overrightarrow{du}| = 0, \ |\overrightarrow{dv}, \overrightarrow{dv}| = 0, \ |\overrightarrow{dv}, \overrightarrow{du}| = -|\overrightarrow{du}, \overrightarrow{dv}| \ \text{より})$$

$$= \left(\frac{\partial x}{\partial u}\frac{\partial y}{\partial v} - \frac{\partial x}{\partial v}\frac{\partial y}{\partial u} \right)|\overrightarrow{du}, \overrightarrow{dv}| = |J||\overrightarrow{du}, \overrightarrow{dv}|$$

この計算において，形式的に $\overrightarrow{du}, \overrightarrow{dv}$ の矢印記号を取り去り，$|\overrightarrow{du}, \overrightarrow{dv}| = du \wedge dv$ と書くことにします。行列式の性質は，演算記号 $\wedge$ の性質として，

（ⅰ） $|p\overrightarrow{du_1} + q\overrightarrow{du_2}, r\overrightarrow{dv_1} + s\overrightarrow{dv_2}|$

$\quad = pr|\overrightarrow{du_1}, \overrightarrow{dv_1}| + ps|\overrightarrow{du_1}, \overrightarrow{dv_2}| + qr|\overrightarrow{du_2}, \overrightarrow{dv_1}| + qs|\overrightarrow{du_2}, \overrightarrow{dv_2}|$

$\quad \Leftrightarrow (pdu_1 + qdu_2) \wedge (rdv_1 + sdv_2)$

$\quad = prdu_1 \wedge dv_1 + psdu_1 \wedge dv_2 + qrdu_2 \wedge dv_1 + qsdu_2 \wedge dv_2$

（ⅱ） $|\overrightarrow{du}, \overrightarrow{du}| = 0 \quad \Leftrightarrow \quad du \wedge du = 0$

（ⅲ） $|\overrightarrow{du}, \overrightarrow{dv}| = -|\overrightarrow{dv}, \overrightarrow{du}| \quad \Leftrightarrow \quad du \wedge dv = -dv \wedge du$

と書き表されます。先ほどの面積の計算を改めて演算記号 $\wedge$ を用いて書いてみると，

$$\left(\frac{\partial x}{\partial u}du + \frac{\partial x}{\partial v}dv \right) \wedge \left(\frac{\partial y}{\partial u}du + \frac{\partial y}{\partial v}dv \right)$$

$$= \frac{\partial x}{\partial u}\frac{\partial y}{\partial u}du \wedge du + \frac{\partial x}{\partial u}\frac{\partial y}{\partial v}du \wedge dv$$

$$+ \frac{\partial x}{\partial v} \frac{\partial y}{\partial u} dv \wedge du + \frac{\partial x}{\partial v} \frac{\partial y}{\partial v} dv \wedge dv$$

$$= \frac{\partial x}{\partial u} \frac{\partial y}{\partial v} du \wedge dv - \frac{\partial x}{\partial v} \frac{\partial y}{\partial u} du \wedge dv$$

$$= \left(\frac{\partial x}{\partial u} \frac{\partial y}{\partial v} - \frac{\partial x}{\partial v} \frac{\partial y}{\partial u} \right) du \wedge dv = |J| du \wedge dv$$

この計算の 1 行目は $\begin{cases} dx = \dfrac{\partial x}{\partial u} du + \dfrac{\partial x}{\partial v} dv \\ dy = \dfrac{\partial y}{\partial u} du + \dfrac{\partial y}{\partial v} dv \end{cases}$ を用いて形式的に,

$dx \wedge dy$ と書けるので結局,

$$dx \wedge dy = |J| du \wedge dv$$

と書けます。$\wedge$ はウェッジ積と呼ばれ,本来は $du \wedge du = 0$ などの演算の性質をもとに定義されるものですが,いまは $du \wedge dv$ は,ベクトル $\overrightarrow{du} = \begin{pmatrix} du \\ 0 \end{pmatrix}$, $\overrightarrow{dv} = \begin{pmatrix} 0 \\ dv \end{pmatrix}$ でできる長方形の符号正の面積を表すものと解釈してください。$du \wedge dv$ を,動点 (du, dv) が動きうる長方形の面積と解釈しても同じです。同じように,$dx \wedge dy$ を,対応する動点 (dx, dy) が動きうる平行四辺形の符号付き面積と解釈してください。ただし,$dx \wedge dy$ を,ベクトル $\overrightarrow{dx} = \begin{pmatrix} dx \\ 0 \end{pmatrix}$, $\overrightarrow{dy} = \begin{pmatrix} 0 \\ dy \end{pmatrix}$ でできる長方形の面積を表すものと解釈してはいけません。この変数 dx, dy は変数 du, dv に依存するからです。

いまは,$du \wedge dv$ を長方形の符号正の面積,$dx \wedge dy$ を平行四辺形の符号付き面積という解釈をしましたが,その関係は相対的です。$dx \wedge dy$ を長方形の符号正の面積,$du \wedge dv$ を平行四辺形の符号付き面積と解釈してもかまいません。一般には,両方とも平

行四辺形の符号付き面積です。このとき，2 変数関数 $z = f(x, y)$ において，$x = x(u, v)$，$y = y(u, v)$ と座標変換されたときの積分は，

$$\int_D f(x, y)dxdy = \int_D f(x, y)dx \wedge dy$$

$$= \int_{D'} f(x(u, v), y(u, v)) \left(\frac{\partial x}{\partial u}du + \frac{\partial x}{\partial v}dv \right) \wedge \left(\frac{\partial y}{\partial u}du + \frac{\partial y}{\partial v}dv \right)$$

$$= \cdots = \int_{D'} f(x(u, v), y(u, v))|J|du \wedge dv$$

$$= \int_{D'} f(x(u, v), y(u, v))|J|dudv$$

となります。$dxdy$ は長方形の面積，$dx \wedge dy$ は平行四辺形の符号付き面積ですが，$\displaystyle\int_D f(x, y)dxdy$ と $\displaystyle\int_D f(x, y)dx \wedge dy$ は，領域 D をジグソーパズルとみなしたときのピースの形が違うだけで同じ値になります。$\displaystyle\int_{D'} f(x(u, v), y(u, v))|J|du \wedge dv$ と $\displaystyle\int_{D'} f(x(u, v), y(u, v))|J|dudv$ も同じ値になります。

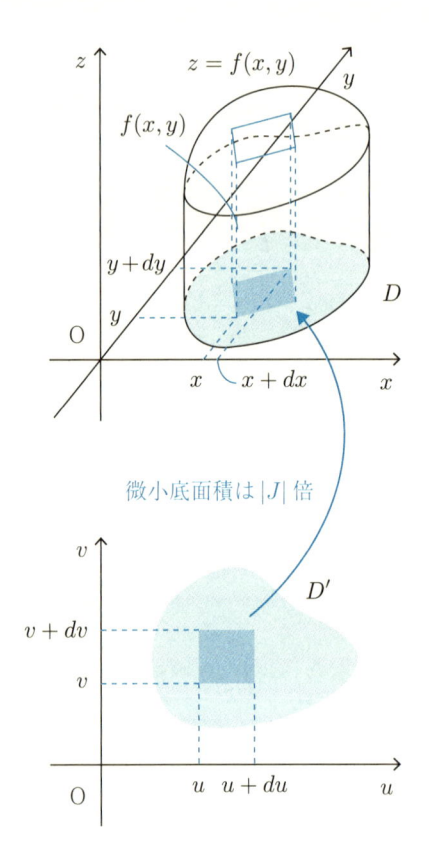

1 変数関数の置換積分 $\displaystyle\int_a^b g(x)dx = \int_\alpha^\beta g(x(t))\frac{dx}{dt}dt$ が単なる約分の形に見えるのと同様，2 変数関数の座標変換もウェッジ積の性質を用いて機械的に計算できるところがすばらしいです。微積分学の公式は単なる記号操作とみなせます。

これをもとに半径 1 の球の体積 V の計算を書き直すと次のようになります。

$$V = 8 \int_D \sqrt{1 - x^2 - y^2} dx dy$$

$$(D : 0 \leqq y \leqq \sqrt{1 - x^2},\ 0 \leqq x \leqq 1)$$

$x = r\cos\theta,\ y = r\sin\theta$ とおくと,

$$\begin{cases} dx = \dfrac{\partial x}{\partial r}dr + \dfrac{\partial x}{\partial \theta}d\theta = \cos\theta dr - r\sin\theta d\theta \\ dy = \dfrac{\partial y}{\partial r}dr + \dfrac{\partial y}{\partial \theta}d\theta = \sin\theta dr + r\cos\theta d\theta \end{cases}$$

よって,

$$dx \wedge dy = (\cos\theta dr - r\sin\theta d\theta) \wedge (\sin\theta dr + r\cos\theta d\theta)$$

$$= (\cos\theta \cdot r\cos\theta + r\sin\theta \cdot \sin\theta)dr \wedge d\theta$$

$$= r dr \wedge d\theta$$

したがって,

$$V = 8 \int_D \sqrt{1 - x^2 - y^2} dx \wedge dy$$

$$(D : 0 \leqq y \leqq \sqrt{1 - x^2},\ 0 \leqq x \leqq 1)$$

$$= 8 \int_{D'} \sqrt{1 - r^2} r dr \wedge d\theta \quad \left(D' : 0 \leqq r \leqq 1,\ 0 \leqq \theta \leqq \frac{\pi}{2}\right)$$

$$= 8 \int_{D'} \sqrt{1 - r^2} r dr d\theta = \cdots\cdots = \frac{4}{3}\pi$$

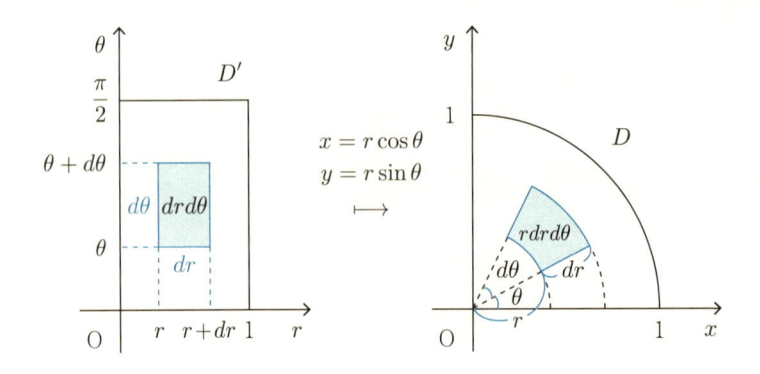

ところで，$\displaystyle\int_D f(x,y)dxdy = \int_{D'} f(x(u,v),y(u,v))|J|dudv$
において，本書では，J を行列，$|J|$ をその行列式としました。
$|J|$ は負になることもあります。他書では，J を行列式，$|J|$ をそ
の絶対値としていることもあります。立場が違うだけでどちらで
もよいのですが，本書の立場で注意しなければいけないことがあ
ります。それは，$dx \wedge dy$ や $du \wedge dv$ を符号付き面積と考えたよ
うに，領域 D や D' にも向きがあると考えることです。

　例えば，次の図のように，$D : 0 \leqq x \leqq 2,\ 0 \leqq y \leqq 3$ とすると
き，$\displaystyle\int_D dxdy$ において，$x = v,\ y = u$ と座標変換する場合を考
えてみます。ヤコビ行列（ヤコビアン）は，$J = \begin{pmatrix} \frac{\partial x}{\partial u} & \frac{\partial x}{\partial v} \\ \frac{\partial y}{\partial u} & \frac{\partial y}{\partial v} \end{pmatrix} =$
$\begin{pmatrix} 0 & 1 \\ 1 & 0 \end{pmatrix}$ なので，その行列式は，$|J| = 0 \cdot 0 - 1 \cdot 1 = -1$ となり
ます。$dx \wedge dy = |J|du \wedge dv = -du \wedge dv$ です。ここで，xy 平
面の領域 D に対応する，uv 平面の領域 D' を考えます。xy 平
面に x 軸，y 軸を描くとき，次の図のように x 軸を反時計周りに

$90°$ 回したものが y 軸と約束します。図形での約束はあいまいだという人は，x 軸，y 軸と順番を付けたと思ってください。同様に，uv 平面に u 軸，v 軸を描くとき，図のように u 軸を反時計周りに $90°$ 回したものが v 軸と約束します。こちらも図形での約束はあいまいだという人は，u 軸，v 軸と順番を付けたと思ってください。さらに，領域 $D : 0 \leqq x \leqq 2$，$0 \leqq y \leqq 3$ に正の向きを付けます。図のように，見える面を表面として $\oplus$ 記号を書き，反対側の面には $\ominus$ 記号を書きます。もしくは周囲の境界において，内部を左に見ながら進む向きを正として矢印を付けます。

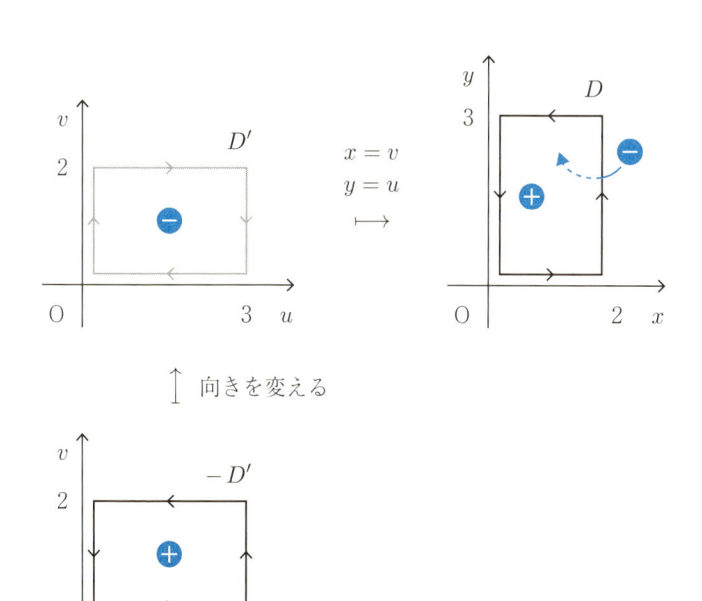

このとき，$x = v$，$y = u$ と座標変換すると，対応する uv 平面の領域 $D' : 0 \leq v \leq 2$，$0 \leq u \leq 3$ は図のように裏面の⊖記号が見えます。周囲の境界において，対応する矢印は内部を右に見ながら進んでいるので，向きは反対の負です。そこで，図のように，D' の向きを変えたものを $-D'$ と書きます。領域 D' での積分と領域 $-D'$ での積分は，符号が逆になるとします。そして，重積分を計算するときには符号が正の領域であることにします。

このとき次のように計算します。

$$\int_D dxdy \quad (D : 0 \leq x \leq 2,\ 0 \leq y \leq 3)$$

（領域 D は正の向きと決める）

$$= \int_D dx \wedge dy \quad (D : 0 \leq x \leq 2,\ 0 \leq y \leq 3)$$

$\left(\begin{array}{l}\text{ジグソーパズルのピースが長方形か符号付き平行四辺形かが} \\ \text{違うだけで，積分の値は同じ}\end{array}\right)$

$$= \int_{D'} |J| du \wedge dv \quad (D' : 0 \leq v \leq 2,\ 0 \leq u \leq 3)$$

（$x = v$，$y = u$ と座標変換）

$$= \int_{D'} -du \wedge dv \quad (D' : 0 \leq v \leq 2,\ 0 \leq u \leq 3)$$

（$|J| = -1$）

$$= -\int_{-D'} -du \wedge dv \quad (-D' : 0 \leq u \leq 3,\ 0 \leq v \leq 2)$$

$\left(\begin{array}{l}\text{領域 } D' \text{ は負の向きなので，正の向き } -D' \text{ に変える} \\ \text{その代わり，全体が } -1 \text{ 倍になる}\end{array}\right)$

$$= \int_{-D'} dudv \quad (-D' : 0 \leq u \leq 3,\ 0 \leq v \leq 2)$$

$\left(\begin{array}{l}\text{ジグソーパズルのピースが符号付き平行四辺形か長方形かが} \\ \text{違うだけで，積分の値は同じ}\end{array}\right)$

$$= \int_0^2 \left(\int_0^3 du \right) dv$$

（位置 (u, v)，面積 $dudv$ のピースは，v が同じなら dv も同じと考える）

$$= \int_0^2 3dv = 6$$

6.5 不定積分で円の面積を求める

円の面積の不定積分を用いた求め方を紹介します。半径 r の円の弧長，面積を r の関数とみなして，$l(r)$, $S(r)$ と書きます。$l(r) =$ 直径 × 円周率 $= 2\pi r$ なので，下図のように，r の微小変化 dr に対して，

$$S(r + dr) - S(r) = l(r)dr$$

とみなせるので，

$$\frac{dS(r)}{dr} = l(r) = 2\pi r$$

となります。$S(r) = \pi r^2 + C$（C は積分定数）ですが，$S(0) = 0$ なので，$C = 0$ となり，結局，$S(r) = \pi r^2$ となります。

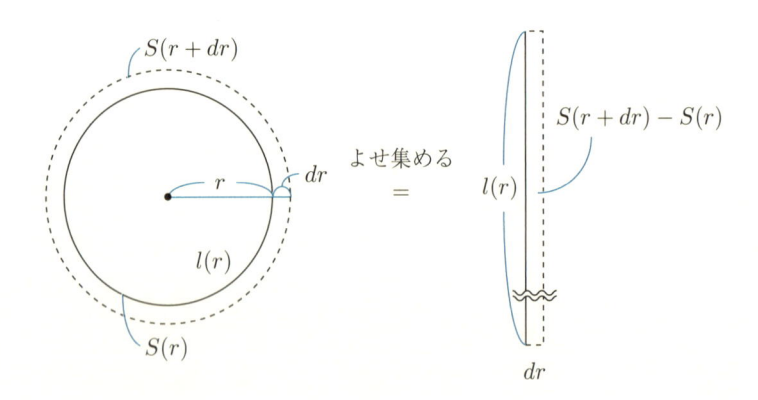

6.6 微分で球の表面積を求める

　次に，球の表面積の微分を用いた求め方を紹介します。半径 r の球の表面積，体積を r の関数とみなして，$S(r)$，$V(r)$ と書きます。6.4 節より，半径 1 の球の体積は $\dfrac{4\pi}{3}$ なので，$V(r) = \dfrac{4\pi}{3}r^3$ です。

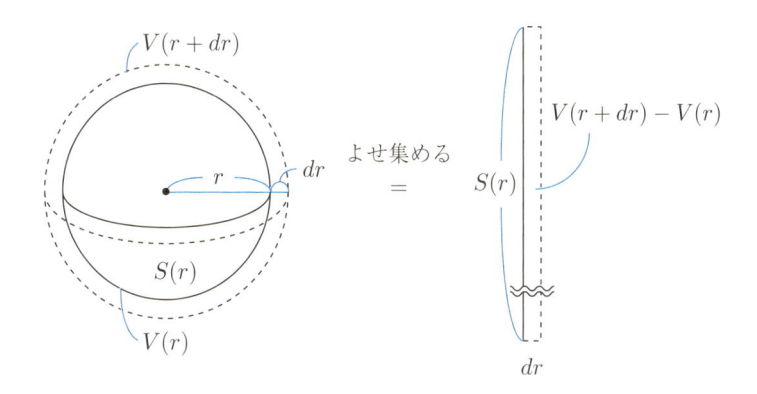

　図のように，r の微小変化 dr に対して，

$$V(r + dr) - V(r) = S(r)dr$$

とみなせるので，

$$\frac{dV(r)}{dr} = S(r)$$

となります。よって，

$$S(r) = \frac{d}{dr}\frac{4\pi}{3}r^3 = 4\pi r^2$$

となります。

5.7 節で正多面体を考えましたが，同じようなことを考えてみます。ある正多面体の内接球の半径を r とします。正多面体の表面積 S，体積 V を r の関数とみなして，$S(r)$，$V(r)$ と書きます。

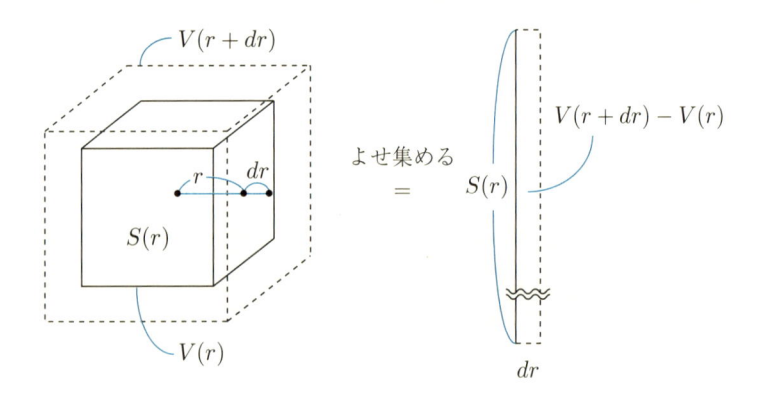

図のように，r の微小変化 dr に対して，

$$V(r + dr) - V(r) = S(r)dr$$

とみなせるので，

$$\frac{dV(r)}{dr} = S(r)$$

となります。5.7 節の表で，r，$S(r)$，$V(r)$ は，正多面体の 1 辺の長さ a の関数として表されていました。したがって，

$$\frac{\frac{dV}{da}}{\frac{dr}{da}} = S$$

となります。ぜひ，確かめてみてください。これを使えば，正多面体の内接球の半径 r と表面積 S から，体積 V を求めることができます。

シンプソンの公式で円の面積を求める

6.2 節で定積分を求めるとき，不定積分が既知の関数で表されなければ，数値積分で求めることがあると書きました。また，定積分の正確な値を求めるには手間がかかるので近似値でよい場合，さらに，被積分関数が具体的な式では表されない場合にも数値積分が使われます。

例えば図のような面積を求めるとき，横方向の区間をいくつかに分け，縦方向の長さを具体的に測ることで，面積の近似値が求められます。

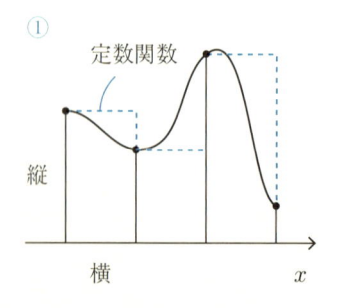

① 定数関数

縦　　横　　x

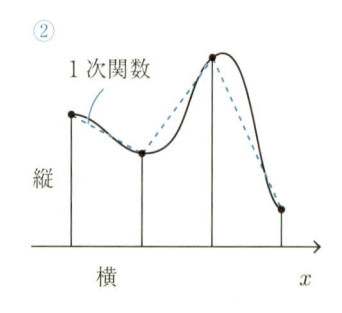

② 1 次関数

縦　　横　　x

図①では，区間のグラフを定数関数と見て，領域を長方形で近似しています。図②では，区間のグラフを 1 次関数と見て，領域を台形で近似します。図③では，区間のグラフを 2 次関数と見て，領域を放物線で近似しています。ただし，2 次関数は

$y = p'x^2 + q'x + r'$ という形なので，p'，q'，r' を求めるには3点が必要です。そのため，分けた区間の両端での縦方向の長さだけでなく，分けた区間の（例えば）中点での縦方向の長さも必要となります。

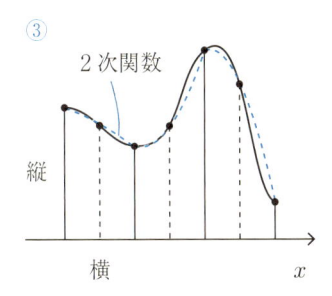

図③のようなときに使われる**シンプソンの公式**というものを紹介します。$y = f(x)$ のグラフにおいて，すでに分けられた区間 $[a, b]$ で，$f(a)$，$f(b)$，$f(m)$ $\left(\text{ただし}, m = \dfrac{a+b}{2}\right)$ の値を測ります。まず，3点 $(a, f(a))$，$(b, f(b))$，$(m, f(m))$ を通る2次関数の式を求めます。

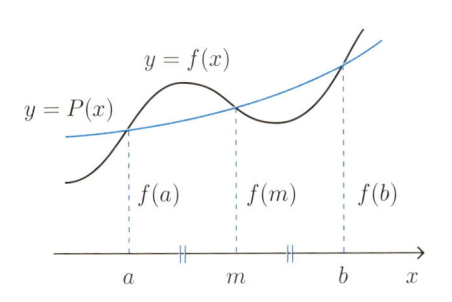

通常，2次関数の式は $y = p'x^2 + q'x + r'$ という形ですが，$y = p(x-m)(x-b) + q(x-a)(x-b) + r(x-a)(x-m)$ という形でも表すことができます。このことを説明するにはベクトルの考えを使うとわかりやすいです。2次式は「実数 $\times x^2 +$ 実数 $\times x +$ 実数 $\times 1$」なので，まるで，3つの矢印 x^2, x, 1 で表される空間ベクトルのようにみなすことができます。x^2, x, 1 をそれぞれ基底といいます。それらを実数倍して和をとった形で表される式全体を，$\langle x^2, x, 1 \rangle$ と表します。これは，$(x-m)(x-b)$, $(x-a)(x-b)$, $(x-a)(x-m)$ をそれぞれ実数倍して和をとった形で表される式全体 $\langle (x-m)(x-b), (x-a)(x-b), (x-a)(x-m) \rangle$ と等しくなるでしょうか？　実は等しくなります。5.3節の行列式の性質で考えたことと同じような考えで示せます。一般に，

$$\langle k\vec{a}, \vec{b}, \vec{c} \rangle = \langle \vec{a}, \vec{b}, \vec{c} \rangle \qquad （ただし，k \neq 0）$$

$$\langle \vec{a} + \vec{b}, \vec{b}, \vec{c} \rangle = \langle \vec{a}, \vec{b}, \vec{c} \rangle$$

$$\langle \vec{b}, \vec{a}, \vec{c} \rangle = \langle \vec{a}, \vec{b}, \vec{c} \rangle$$

$$\langle \vec{a} + k\vec{b}, \vec{b}, \vec{c} \rangle = \langle \vec{a}, \vec{b}, \vec{c} \rangle$$

が成り立ちます。これらは次の図からわかります。3つのベクトルで作られる平行六面体の符号付き体積においては，左辺のような形は，右辺のような形のそれぞれ k 倍，1 倍，-1 倍，1 倍になり，0 倍になることはないので，3次元空間がつぶれて2次元以下になったりはしないのです。

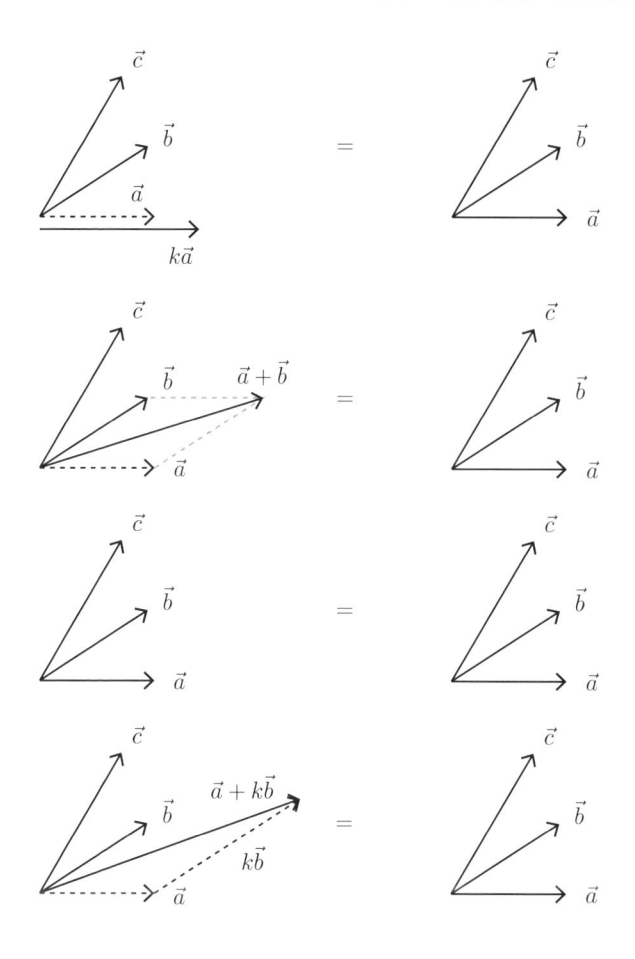

これらを用いることで,

$$\langle (x-m)(x-b),\ (x-a)(x-b),\ (x-a)(x-m)\rangle$$

$$=\langle (x-m)(x-b),\ (m-a)(x-b),\ (b-a)(x-m)\rangle$$

（2つ目, 3つ目の式から 1つ目の式を引く）

$$=\langle (x-m)(x-b),\ x-b,\ x-m \rangle$$

（2つ目の式を $m-a$（$\neq 0$），3つ目の式を $b-a$（$\neq 0$）で割る）

$$=\langle (x-m)(x-b),\ x-b,\ b-m \rangle$$

（3つ目の式から2つ目の式を引く）

$$=\langle (x-m)(x-b),\ x-b,\ 1 \rangle$$

（3つ目の式を $b-m$（$\neq 0$）で割る）

$$=\langle x^2-(m+b)x-mb,\ x,\ 1 \rangle$$

（2つ目の式に3つ目の式の b 倍を足す）

$$=\langle x^2,\ x,\ 1 \rangle$$

（1つ目の式に2つ目の式の $m+b$ 倍，3つ目の式の mb 倍を足す）

となり示すことができました。

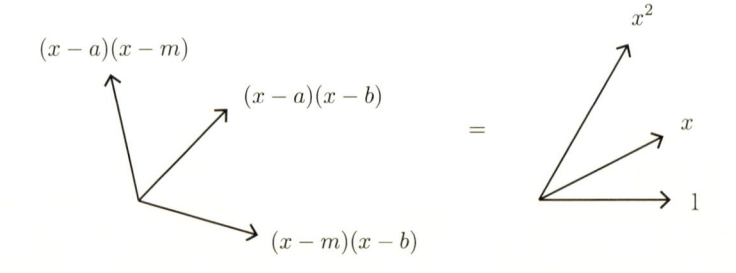

よって，2次関数は，

$$P(x) = p(x-m)(x-b) + q(x-a)(x-b) + r(x-a)(x-m)$$

という形で表すことができます。3点 $(a, f(a))$，$(b, f(b))$，

$(m, f(m))$ を通ることから，結局，

$$P(x) = f(a)\frac{(x-m)(x-b)}{(a-m)(a-b)} + f(m)\frac{(x-a)(x-b)}{(m-a)(m-b)} + f(b)\frac{(x-a)(x-m)}{(b-a)(b-m)}$$

と具体的に 2 次関数で近似できました。このとき，次が成り立ちます。

シンプソンの公式

$$P(x) = f(a)\frac{(x-m)(x-b)}{(a-m)(a-b)} + f(m)\frac{(x-a)(x-b)}{(m-a)(m-b)} +$$
$$f(b)\frac{(x-a)(x-m)}{(b-a)(b-m)} \left(ただし, m = \frac{a+b}{2}\right) のとき，$$

$$\int_a^b P(x)dx = (b-a)\frac{f(a) + 4f(m) + f(b)}{6}$$

　台形の面積公式「高さ $\times \dfrac{\text{上底} + \text{下底}}{2}$」に対し，シンプソンの公式は，「横幅 $\times \dfrac{1 \times \text{左の高さ} + 4 \times \text{中央の高さ} + 1 \times \text{右の高さ}}{6}$」という形で，高さを $1:4:1$ の重み付き平均でとったものとみなすことができます。シンプソンの公式を示すために，m が原点にくるように平行移動し，$c = \dfrac{b-a}{2}$ として区間 $[a, b]$ を区間 $[-c, c]$ にします。また，$P(x)$ を分解して，$P(x) = x^2$, $P(x) = x$, $P(x) = 1$ のときに成り立つことを示します。

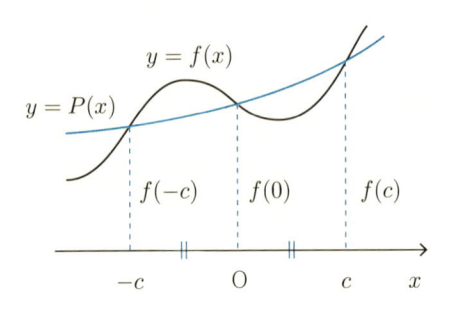

- $P(x) = x^2$ のとき，偶関数の性質より左辺は，
$$\int_{-c}^{c} x^2 dx = 2\int_{0}^{c} x^2 dx = 2\left[\frac{x^3}{3}\right]_{0}^{c} = \frac{2c^3}{3}$$
右辺は，$\{c - (-c)\}\dfrac{(-c)^2 + 4 \cdot 0 + c^2}{6} = \dfrac{2c^3}{3}$

- $P(x) = x$ のとき，奇関数の性質より左辺は，$\displaystyle\int_{-c}^{c} x dx = 0$
右辺は，$\{c - (-c)\}\dfrac{(-c) + 4 \cdot 0 + c}{6} = 0$

- $P(x) = 1$ のとき，左辺は，$\displaystyle\int_{-c}^{c} 1 dx = 2c$
右辺は，$\{c - (-c)\}\dfrac{1 + 4 \cdot 1 + 1}{6} = 2c$

となります。よって，シンプソンの公式の左辺と右辺が等しいことを示すことができました。なお，奇関数では左辺と右辺が 0 になることから，3 次関数ではさまれた面積でも，「横幅 $\times \dfrac{1 \times 左の高さ + 4 \times 中央の高さ + 1 \times 右の高さ}{6}$」の計算は厳密に等号になります。これは受験の裏ワザとしても使えそうですね。4 次以上の関数などではさまれた面積では，「横幅 $\times \dfrac{1 \times 左の高さ + 4 \times 中央の高さ + 1 \times 右の高さ}{6}$」の計算は近似値になりますが，精度はよいです。

6.3 節で半径 1 の円の面積を π と求めましたが，π を用いて表しただけと考えることもできます。π の近似値を知るために，シンプソンの公式を用いて半径 1 の円の面積 S を求めてみましょう。次の図のように四分円を考え，図形 OEFC と図形 EABF にシンプソンの公式を使います。

$$\text{図形 OABC} - \text{正方形 OABD}$$

$$= \text{図形 BCD} = \left(\frac{S}{4} - \text{正方形 OABD} \right) \div 2$$

$$\text{図形 OEFC} + \text{図形 EABF} - \left(\frac{\sqrt{2}}{2} \right)^2 = \frac{S}{8} - \left(\frac{\sqrt{2}}{2} \right)^2 \div 2$$

$$\left(\frac{\sqrt{2}}{4} - 0 \right) \frac{1 + 4 \cdot \frac{\sqrt{62}}{8} + \frac{\sqrt{14}}{4}}{6}$$

$$+ \left(\frac{\sqrt{2}}{2} - \frac{\sqrt{2}}{4} \right) \frac{\frac{\sqrt{14}}{4} + 4 \cdot \frac{\sqrt{46}}{8} + \frac{\sqrt{2}}{2}}{6} - \frac{1}{2}$$

$$= \frac{S}{8} - \frac{1}{4}$$

$$\frac{\sqrt{2}}{4} \left(\frac{4 + 2\sqrt{62} + \sqrt{14} + \sqrt{14} + 2\sqrt{46} + 2\sqrt{2}}{24} \right) = \frac{S}{8} + \frac{1}{4}$$

$$8 \cdot \frac{\sqrt{2}}{4} \left(\frac{2 + \sqrt{62} + \sqrt{14} + \sqrt{46} + \sqrt{2}}{12} \right) = S + 2$$

$$S = \frac{\sqrt{2} + \sqrt{31} + \sqrt{7} + \sqrt{23} + 1}{3} - 2 = 3.14118\cdots$$

と近似値を求めることができました。図形 OABC をより分割すれば精度が高まります。

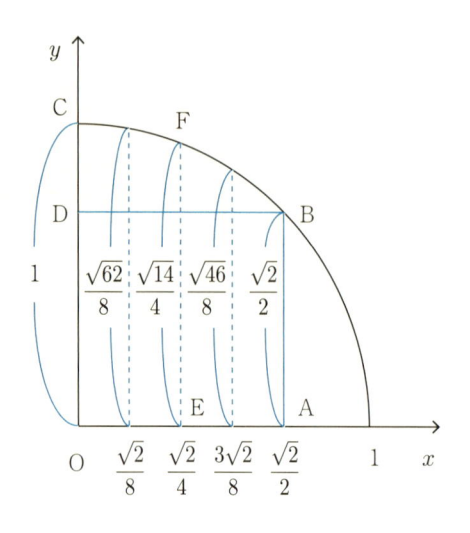

四分円

　本節の考え方は，さまざまな数学の分野と関連があります。余談として紹介しましょう。

　まず，空間ベクトルが基底となる 3 つのベクトルで表されたように，2 次関数も基底となる x^2, x, 1 で表されます。このことから，2 次関数もベクトルのように扱うことができます。また，空間ベクトルは 3 つの数の組で表されることから，無限個の数字で表される数列もベクトルのように扱うことができます。つまり，関数と数列を同じように扱うことができます。例えば，数列に内積があれば，関数にも内積を考えようという発想が生まれます。現に，内積に関するコーシー・シュワルツの不等式には数列版と関数版があります。

　基底を都合のよいもので考える発想には，2 次関数を平方完成したり，グラフを平行移動したり，平面を斜交座標や極座標で表したり，関数をフーリエ級数展開して表したりといったことがあります。

　特に，与えられた基底を倍や差（和）で変形していく方法は，最大公約数を求める際のユークリッドの互除法，連立方程式を解く際のガウスの消去法，矢印の基底を大きさ 1 で互いに直交するものに変形させる際のグラム・シュミットの正規直交化法などと関連しています。

　本節では，3 点を通る 2 次関数を求めました。これは高校数学における「多項式を $x - a$，$x - b$，$x - c$ で割ると余りがそれぞれ α，β，γ のとき，$(x - a)(x - b)(x - c)$ で割った余りを求めよ。」という問題と同等です。より一般化したものに，ラグランジュ補間公式があります。また，小学校算数などで，「自然数を 3，4，5 で割ると余りがそれぞれ 2，3，4 のとき，60 で割った余りを求めよ。」という問題もあります。その解法を一般化したものには中国剰余定理があります。それらは違う分野どうしの独自の発想と思っている人もいるかもしれませんが，根幹は同じです。こういったところに数学の楽しさ・感動があります。

あとがき

　本書を通じて，数学の関連性（例えば，ヘロンの公式とトレミーの定理はどちらも行列式を用いて表される），類似性（例えば，三角形の面積公式とおうぎ形の面積公式は似ている），拡張性（例えば，長さに関する三平方の定理に対して面積に関する四平方の定理がある），整合性（例えば，置換積分と重積分の座標変換はそれぞれ約分とウェッジ積で機械的に計算できる），意外性（例えば，バナッハ・タルスキーのパラドックスのように直感に反するような事実がある），独自性（例えば，多角形に関するボヤイ・ゲルヴィンの定理と多面体に関するデーンの定理は異なる結果を述べている），多面性（例えば，円の面積公式には複数の求め方がある）といった面白さを知ってもらえればうれしいです。

　本書で書ききれなかったことがあります。ガウス・グリーンの公式で円の面積を求める，球面三角形の面積をガウス・ボンネの定理で求める，2次の行列式を線分がはく面積として解釈する，センターラインの公式で面積を求める，パップス・ギュルダンの定理で体積を求める，ピックの定理で多角形の面積を求める，などです。機会があれば紹介してみたいと思います。

索引

■ 著者プロフィール

小山 拓輝 (こやま ひろあき)

1971 年生まれ。
立命館大学大学院数理科学研究科修了。
現在数学・物理・化学教材の執筆・校正，添削内容チェック，個別指導塾講師，
家庭教師をしています。
過去には，マジック開発をしていました。
ペットボトルの口からキャップを中に入れて，100%相手に渡しても切れ目はな
い，というマジックを開発し，マジシャンのふじいあきら氏にご購入いただき，
テレビ番組で披露していただきました。

数学への招待シリーズ

「面積」とは何か
～幾何・代数・解析の捉え方～

2018年8月24日　初版　第1刷発行

著　者	小山 拓輝
発行者	片岡 巌
発行所	株式会社技術評論社
	東京都新宿区市谷左内町21-13
	電話　03-3513-6150　販売促進部
	03-3267-2270　書籍編集部
印刷・製本	昭和情報プロセス株式会社

装　丁	中村 友和（ROVARIS）
本文デザイン，DTP	株式会社トップスタジオ

定価はカバーに表示してあります。

ISBN978-4-7741-9916-0　C3041

Printed in Japan

本書に関する最新情報は，技術評論社
ホームページ（http://gihyo.jp/）を
ご覧ください．

本書へのご意見，ご感想は，以下の宛
先へ書面にてお受けしております．
電話でのお問い合わせにはお答えいた
しかねますので，あらかじめご了承くだ
さい．

〒162-0846
東京都新宿区市谷左内町21-13
株式会社技術評論社　書籍編集部
「「面積」とは何か」係
FAX：03-3267-2271